雷公山
两栖爬行动物

唐秀俊
刘　京
孙贵红
主编

中国林业出版社
CFPH China Forestry Publishing House

图书在版编目（CIP）数据

雷公山两栖爬行动物 / 唐秀俊, 刘京, 孙贵红主编.

北京 : 中国林业出版社, 2025.3. -- ISBN 978-7-5219-3130-3

Ⅰ. Q959.5；Q959.6

中国国家版本馆CIP数据核字第2025Y26E94号

策划编辑：张衍辉

责任编辑：张衍辉　葛宝庆

装帧设计：高　瓦

出版发行：中国林业出版社

　　　　　（100009，北京市西城区刘海胡同7号，电话010-83143521）

电子邮箱：cfphzbs@163.com

网址：www.cfph.net

印刷：河北鑫汇壹印刷有限公司

版次：2025年3月第1版

印次：2025年3月第1次

开本：889mm×1194mm　1/16

印张：16.75

字数：432千字

定价：180.00元

序

　　自然界是一幅绚丽多彩的画卷，其中的生物多样性构成了这幅画卷上最为丰富和细腻的部分。在这样的背景下，《雷公山两栖爬行动物》一书应运而生，旨在记录并展示雷公山这一地区独特的生物宝藏。

　　雷公山区以其丰富的自然景观和生态系统而闻名，其特殊的地理位置与复杂的地形地貌孕育出了多样性的生命形式。然而，在人类活动日益频繁的今天，这些脆弱的生态平衡面临着前所未有的挑战。因此，深入了解并保护这里的每一个物种变得尤为迫切。

　　2023—2024年，雷公山国家级自然保护区管理局与贵州省野生动植物保护协会共同开展了雷公山两栖爬行动物本底资源调查，共发现两栖爬行动物106种，其中新种有雷山臭蛙和魏氏纤树蛙，贵州省新记录花坪白环蛇，保护区新记录方花蛇等。

　　本书汇聚了该团队多年的研究成果，作为一部翔实的工具书，《雷公山两栖爬行动物》图文并茂，在进行物种鉴定时所采用的最新分类学方法和技术手段将有助于推动相关学科的发展，并为野生动植物资源的有效管理和合理利用提供科学依据。该书不仅为科研人员提供了宝贵的参考资料，也为教育工作者和相关专业学生提供了直观的学习材料，更为广泛的自然爱好者打开了一扇了解本土野生动物世界的窗。

　　该书是对雷公山国家级自然保护区自然环境的致敬，既回顾了历史资料的研究过程，又展望了未来可能的新发现与新理论的形成，更是对未来时代的一种责任传承。相信这本书能成为连接过去与未来的桥梁。

魏刚

贵阳学院

2024年10月

前言

雷公山国家级自然保护区1982年6月经贵州省人民政府批准建立，2001年6月经国务院批准晋升为国家级自然保护区。雷公山国家级自然保护区地理位置为东经108°05′～108°24′，北纬26°15′～26°32′，总面积47300hm²，位于贵州省黔东南腹地的雷山、台江、剑河、榕江四县交界处，是长江水系与珠江水系的分水岭。雷公山国家级自然保护区具有明显的中亚热带季风山地湿润气候特征，水文地质结构独特，水资源的贮存富集条件特殊，大气降水、地表水及地下水循环交替，环境较和谐，水资源极为丰富。

雷公山国家级自然保护区因其特殊的地理位置、庞大的山体、复杂的地形、多样的气候类型，为各种生物繁衍提供了良好的生态环境。2023年，雷公山国家级自然保护区与贵州省野生动植物保护协会合作，共同开展了两栖爬行动物本底资源调查，经系统调查共发现两栖爬行动物106种，其中，两栖动物2目9科43种，爬行动物2目15科63种。本次调查共发现两栖动物新种2种，即雷山臭蛙和魏氏纤树蛙；发现多个保护区两栖爬行动物新记录。在此次调查的基础上，运用现代分子生物学方法对雷公山两栖爬行动物进行了鉴定，修订了雷公山两栖爬行动物的名录。本书的出版将有助于人们了解雷公山地区丰富的野生动物资源。书中详细描述了雷公山分布的两栖爬行动物的形态特征，每个物种都配有清晰的图片，不仅能作为相关科研人员、野生动物保护组织及爱好者识别两栖爬行动物的手册，也能作为从事自然教育的科普读物。

本书的出版得到了贵州省林业局和贵州雷公山国家级自然保护区管理局的大力支持和帮助；同时也得到了中国科学院成都生物研究所王斌和丁利老师团队的帮助。在此表示诚挚的谢意！

由于作者经验不足，水平有限，在编写过程中难免有所疏漏，敬请读者批评指正。

编者

2024年8月

目录

第三章
爬行动物术语与分类描述

I 龟鳖目 Testudines

II 有鳞目 Squamata

第一章

概述

对湿度为91%。

雷公山地区常年受东南季风和西南季风的影响，南北气流常在该区交汇，天然植被丰富，雨量充沛，年降雨量大致在1300～1600mm。降雨量季节分配以春、夏季较多，秋、冬季降雨量较少，仅占全年降雨量的25%左右。因此，雷公山地区气候具有明显的中亚热带季风山地湿润气候特征，温暖湿润，雨量丰富，气候类型多样，为各种生物繁衍提供了良好的生态环境。

雷公山国家级自然保护区概况

（一）地理位置

雷公山国家级自然保护区（以下简称"雷公山保护区"）是1982年6月经贵州省人民政府批准建立，2001年6月经国务院批准晋升为国家级自然保护区。雷公山保护区地理位置为东经108°05′～108°24′，北纬26°15′～26°32′，总面积47300hm²，位于贵州省黔东南腹地的雷山、台江、剑河、榕江四县交界处，是长江水系与珠江水系的分水岭。雷公山地形高低起伏，山势脉络清晰，地势西北高、东南低，主山脊自东北向西南呈"S"形延伸，主峰苗岭海拔2178.8m，最低点为位于雷公山东侧的小丹江谷地海拔650m。

（二）气候特征

雷公山地区历史上未受第四纪冰川侵袭，成为许多古老孑遗植物避难所，加之该区地处长江水系和珠江水系极为明显的分水岭高地，地理纬度较低，太阳高度角较大，云量多，阴雨天频繁，日照较少，冬无严寒，夏无酷暑，温暖湿润，具有明显的中亚热带季风山地湿润气候特征。冬季气温最低，夏季气温最高，秋季略高于春季气温。气温年变化曲线与太阳辐射的年变化趋势基本一致，一年中1月最冷，7月最热。一年中平均温度亦随海拔升高而降低，山麓年平均温度14～16℃，山腰11.7℃，山顶9.2℃，由于雷公山地区气候湿润，云雾等水汽凝结物多，相对湿度大，阴雨天气多，因此，气温直减率较小。相反，雷公山地区相对湿度随海拔增高而加大，海拔1100m处年平均相对湿度为85%，雷公山顶2178.8m处年平均相

（三）地貌特征

雷公山处于珠江水系与长江水系的分水岭地带，地势高耸，山脉脉络清晰，主脊自北向南呈"S"形状延伸，主峰海拔2178.8m，东侧之小丹江谷地海拔650m，为本区最低的地带。雷公山地区河流强烈切割，地形高差一般大于1000m。雷公山复式背斜组成区域构造的主体，常常导致河流形成同步弯曲，因此，控制河流转折及水系布局影响尤为重要。雷公山区前浅变质岩广泛出露，断层褶皱发育，河流深切、崩塌、滑坡及沟蚀等动力地质现象十分普遍，山地剥夷保存完好，呈现出典型的构造侵蚀地质景观。

（四）土壤水系

雷公山地区分布着大面积的山地黄壤，次为山地黄棕壤，分布较少的是山地灌丛草甸和山地沼泽土。在垂直分布上其带幅宽约750m，即从海拔650～1400m范围均为山地黄壤所覆盖。其带幅宽500～600m，即从海拔1400～2000m的范围内为山地黄棕壤覆盖。而海拔2000m以上则是山地灌丛草甸和山地沼泽土，雷公山土壤除山地灌丛草甸土外，大部分山地黄壤和黄棕壤，土层厚均在60～80cm，大部分是壤质土，土质疏松，质地良好。雷公山水文地质结构独特，岩层节理发展，水文地质条件复杂，裂隙水储量丰富，水资源的贮存富集条件特殊，大气降水、地表水及地下

水循环交替环境比较和谐，水资源极为丰富，为动植物的生存和发展创造了良好的条件。

（五）植被条件

雷公山地区地带性植被属我国中亚热带东部偏湿性常绿阔叶林，优越的自然地理条件孕育了丰富的植物资源，主要组成树种以栲属、木莲属、木荷属等为主，而主要植被可划分为4个植被型组、6个植被型、11个群系组、19个群落类型。雷公山区山体高大，植被垂直分布明显，随着地势升高，气候、土壤均发生了变化，在海拔600～1400m，一般为常绿阔叶林；在海拔1300～1800m常绿植被成分逐渐减少，变为常绿、落叶阔叶混交林，以青冈栎、小叶青冈、褐叶青冈、曼青冈、长梗木莲、亮叶水青冈为主；在海拔1850～2100m，落叶树如樱、湖北海棠、棉絮岭、白辛树，五裂槭树种占优势，且由于湿度和地形等因素，树矮化，苔藓植物发育，出现山顶苔藓矮林；在海拔2100m以上为以杜鹃、箭竹灌丛为主的灌丛草甸带。

二 雷公山两栖爬行动物研究简史

（一）两栖动物研究简史

雷公山具有明显的中亚热带季风山地湿润气候特征，水文地质结构独特，水资源的储存富集条件特殊，大气降水、地表水及地下水循环交替，环境较和谐，水资源极为丰富，加之其特殊的地理位置，庞大的山体，复杂的地形，多样的气候类型，为各种生物繁衍提供了良好的生态环境。从20世纪中叶开始，我国许多著名的动物分类学家都在该区进行过考察。最早的一次是1973年国际著名的两栖爬行动物学泰斗刘承钊院士、胡淑琴研究员、赵尔宓院士在雷山城郊外及乌东、陶尧、雷公坪、格头、毛坪等地展开的调查，共采集到标本913号35种。其中，尾斑瘰螈、棘

指角蟾、雷山髭蟾为该次调查所发现的新种。此后，贵州省著名两栖爬行动物专家李德俊等于1976和1977年在乌东、方祥、格头、毛坪、雷公坪、永乐及雷山县城郊等地进行两栖动物调查并报道两栖动物35种。1985年，李德俊等再次对雷公山两栖动物进行调查，并采集到标本1063号22种，并首次对雷公山两栖动物区系特征进行了分析。在之后的20年间针对雷公山的两栖动物研究报道较为零星，直到2005年张璇等对雷公山两栖动物资源展开了本底调查，采集到标本23种，综合前人调查的结果对雷公山两栖动物的物种组成、区系特征、垂直分布等进行了报道。徐宁等在2007年比较了贵州省8个自然保护区两栖动物物种多样性，8个自然保护区中，雷公山两栖动物物种数量最多，达37种。2014—2018年贵阳学院魏刚教授团队对雷公山两栖动物展开了连续5年的监测工作，修订了雷公山部分两栖动物的分类地位，将之前鉴定为小角蟾和弹琴蛙的物种重新鉴定并命名为新种雷山角蟾和雷山琴蛙，综合5年的监测结果，该团队对雷公山两栖动物的群落动态变化进行了研究。2023年2月到2024年7月，雷公山保护区和贵州省野生动植物保护协会联合对雷公山保护区两栖动物资源展开了专项调查，共记录到两栖动物43种，隶属2目9科23属，并发现雷山臭蛙和魏氏纤树蛙2种新种。

（二）爬行动物研究简史

相较于两栖动物的研究，对雷公山爬行动物的研究较少，最早的研究记录是胡淑琴等1963年进行的调查，该研究调查了乌东、方祥、格头、毛坪、雷公坪及雷山城郊，报道爬行动物34种。1976年，李德俊等在毛坪、方祥、格头、永乐等地进行了为期4个月的调查，报道爬行动物54种，发现一新种——贵州小头蛇和4种贵州省新记录——缅甸钝头蛇、福建钝头蛇、横纹斜鳞蛇及台湾地蜥；1985年，李德俊等再次对雷公山爬行动物开展了调查，采集到标本280余

号，包含35种爬行动物，并在此次调查中发现3种雷公山新记录，即眼镜蛇、滑鼠蛇和青脊蛇；2005—2006年，陈继军等对雷公山爬行动物资源开展了本底调查，记录了爬行动物60种；随着爬行动物分类系统的变更，冉辉等对雷公山保护区的爬行动物名录进行了修订，但该研究未开展实地调查，仅根据文献资料和当时的分类体系进行名录修订；2023年2月至2024年7月，雷公山保护区和贵州省野生动植物保护协会联合对雷公山保护区爬行动物资源展开了专项调查，共记录到爬行动物63种，隶属2目15科39属，并发现了贵州省新记录花坪白环蛇和保护区新记录方花蛇。

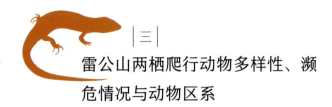

|三|
雷公山两栖爬行动物多样性、濒危情况与动物区系

（一）两栖动物

雷公山目前记录有两栖动物43种，隶属2目9科23属，其中有尾目4种，无尾目中以蛙科物种最多，有14种，占保护区两栖动物的32.6%，其次是角蟾科的7种，树蛙科的4种，叉舌蛙科和姬蛙科的4种，蟾蜍科和雨蛙科的3种；雷公山记录的43种两栖动物中有国家二级保护野生动物3种，即大鲵、尾斑瘰螈和雷山髭蟾，《世界自然保护联盟濒危物种红色名录》（以下简称"IUCN红色名录"）列为极危的1种，濒危、易危和近危的均为2种，其余大部分物种为无危；雷公山分布的两栖动物区系以华中区为主，依次是东洋界广布种、华中华南区种、古北界东洋界广布种和华中西南区种（表1）。

【表1】
雷公山国家级自然保护区两栖动物名录

序号	名称	保护级别	IUCN濒危等级	区系
I 有尾目 Caudata				
一	**隐鳃鲵科**			
1	大鲵属 *Andrias*			
(1)	大鲵 *Andrias davidianus*	二级	CR	古北界、东洋界广布种
二	**蝾螈科 Salamandridae**			
2	肥螈属 *Pachytriton*			
(2)	瑶山肥螈 *Pachytriton inexpectatus*		LC	华中、华南区种
3	瘰螈属 *Paramesotriton*			
(3)	尾斑瘰螈 *Paramesotriton caudopunctatus*	二级	NT	华中区种
4	疣螈属 *Tylototriton*			
(4)	茂兰疣螈 *Tylototriton maolanensis*			华中区种
II 无尾目 Anura				
三	**蟾蜍科 Bufonidae**			
5	头棱蟾属 *Duttaphrynus*			
(5)	黑眶蟾蜍 *Duttaphrynus melanostictus*		LC	东洋界广布种

（续表）

序号	名称	保护级别	IUCN濒危等级	区系
6	蟾蜍属 *Bufo*			
(6)	华西蟾蜍 *Bufo andrewsi*		LC	古北界、东洋界广布种
(7)	中华蟾蜍 *Bufo gargarizans*		LC	古北界、东洋界广布种
四	**角蟾科 Megophryidae**			
7	掌突蟾属 *Leptobrachella*			
(8)	武陵掌突蟾 *Leptobrachella wulingensis*			华中、华南区种
(9)	侗掌突蟾 *Leptobrachella dong*			华中区种
(10)	岜沙掌突蟾 *Leptobrachella bashaensis*			华中区种
8	拟髭蟾属 *Leptobrachium*			
(11)	雷山髭蟾 *Leptobrachium leishanense*	二级	EN	华中区种
9	短腿蟾属 *Brachytarsophrys*			
(12)	珀普短腿蟾 *Brachytarsophrys popei*		NT	东洋界广布种
10	布角蟾属 *Boulenophrys*			
(13)	雷山角蟾 *Boulenophrys leishanensis*			华中区种
(14)	棘指角蟾 *Boulenophrys spinata*			华中区种
五	**雨蛙科 Hylidae**			
11	雨蛙属 *Hyla*			
(15)	华西雨蛙 *Hyla annectan*		LC	东洋界广布种
(16)	三港雨蛙 *Hyla sanchiangensis*		LC	华中、华南区种
(17)	无斑雨蛙 *Hyla immaculata*		LC	古北界、东洋界广布种
六	**蛙科 Ranidae**			
12	湍蛙属 *Amolops*			
(18)	崇安湍蛙 *Amolops chunganensis*		LC	华中、西南区种
(19)	中华湍蛙 *Amolops sinensis*		LC	华中、华南区种
13	水蛙属 *Hylarana*			
(20)	沼水蛙 *Hylarana guentheri*		LC	东洋界广布种
(21)	阔褶水蛙 *Hylarana latouchii*		LC	华中、华南区种
(22)	台北纤蛙 *Hylarana taipehensis*		LC	东洋界广布种
14	琴蛙属 *Nidirana*			
(23)	雷山琴蛙 *Nidirana leishanensis*			华中区种
15	臭蛙属 *Odorrana*			
(24)	大绿臭蛙 *Odorrana graminea*		LC	东洋界广布种
(25)	黄岗臭蛙 *Odorrana huanggangensis*		LC	华中、华南区种
(26)	龙胜臭蛙 *Odorrana lungshengensis*		LC	华中区种
(27)	竹叶蛙 *Odorrana versabilis*		LC	华中、华南区种
(28)	雷山臭蛙 *Odorrana leishanensis*			华中区种
16	侧褶蛙属 *Pelophylax*			
(29)	黑斑侧褶蛙 *Pelophylax nigromaculatus*		LC	古北界、东洋界广布种
17	蛙属 *Rana*			
(30)	寒露林蛙 *Rana hanluica*		LC	华中区种
(31)	镇海林蛙 *Rana zhenhaiensis*		LC	华中、华南区种

（续表）

序号	名称	保护级别	IUCN濒危等级	区系
七	**叉舌蛙科 Dicroglossidae**			
18	陆蛙属 *Fejervarya*			
(32)	泽陆蛙 *Fejervarya multistriata*		LC	古北界、东洋界广布种
19	棘胸蛙属 *Quasipaa*			
(33)	棘腹蛙 *Quasipaa boulengeri*		VU	古北界、东洋界广布种
(34)	棘侧蛙 *Quasipaa shini*		EN	华中区种
(35)	棘胸蛙 *Quasipaa spinosa*		VU	华中、华南区种
八	**树蛙科 Rhacophoridae**			
20	泛树蛙属 *Polypedates*			
(36)	布氏泛树蛙 *Polypedates braueri*		LC	东洋界广布种
21	张氏树蛙属 *Zhangixalus*			
(37)	大树蛙 *Zhangixalus dennysi*		LC	华中、华南区种
(38)	安徽树蛙 *Zhangixalus zhoukaiyae*		DD	华中区种
22	纤树蛙属 *Gracixalus*			
(39)	魏氏纤树蛙 *Gracixalus weii*			华中区种
九	**姬蛙科 Microhylidae**			
23	姬蛙属 *Microhyla*			
(40)	粗皮姬蛙 *Microhyla butleri*		LC	东洋界广布种
(41)	小弧斑姬蛙 *Microhyla heymonsi*		LC	东洋界广布种
(42)	饰纹姬蛙 *Microhyla fissipes*		LC	东洋界广布种
(43)	花姬蛙 *Microhyla pulchra*		LC	东洋界广布种

注："CR"为极危；"EN"为濒危；"VU"为易危；"NT"为近危；"LC"为无危；"DD"为数据缺乏。

（二）爬行动物

雷公山目前记录有爬行动物63种，隶属2目15科39属，其中龟鳖目最少，仅1科1属1种，占雷公山爬行动物种数的1.6%，有鳞目蜥蜴亚目有5科6属8种，占雷公山爬行动物种数的12.7%，蛇亚目种类最多，有9科32属54种，占雷公山爬行动物的85.7%。其中国家二级保护野生动物3种，IUCN红色名录评为易危级的有5种，近危级的有2种；与两栖动物相比，雷公山爬行动物的区系以东洋界广布种为主，其次是华中华南区种，西南区种数量最少（表2）。

【表2】
雷公山国家级自然保护区爬行动物名录

序号	名称	保护级别	IUCN濒危等级	区系
I 龟鳖目 Testudines				
一	**鳖科 Trionychidae**			
1	鳖属 *Pelodiscus*			
(1)	中华鳖 *Pelodiscus sinensis*		VU	古北界、东洋界广布种
II 有鳞目 Squamata				
二	**壁虎科 Gekkonidae**			
2	壁虎属 *Gekko*			
(2)	多疣壁虎 *Gekko japonicus*		LC	华中、华南区种

（续表）

序号	名称	保护级别	IUCN濒危等级	区系
三	**石龙子科 Scincidae**			
3	蜓蜥属 Sphenomorphus			
(3)	铜蜓蜥 Sphenomorphus indicus		LC	东洋界广布种
4	石龙子属 Plestiodon			
(4)	中国石龙子 Plestiodon chinensis		LC	华中、华南区种
(5)	蓝尾石龙子 Plestiodon elegans		LC	古北界、东洋界广布种
四	**蜥蜴科 Lacertidae**			
5	草蜥属 Takydromus			
(6)	峨眉草蜥 Takydromus intermedius		LC	华中、西南区种
(7)	北草蜥 Takydromus septentrionalis		LC	古北界、东洋界广布种
五	**鬣蜥科 Agamidae**			
6	龙蜥属 Diploderma			
(8)	丽纹龙蜥 Diploderma splendidum		LC	华中、西南区种
六	**蛇蜥科 Anguidae**			
7	脆蛇蜥属 Dopasia			
(9)	脆蛇蜥 Dopasia harti	二级	LC	东洋界广布种
七	**闪皮蛇科 Xenodermidae**			
8	脊蛇属 Achalinus			
(10)	黑脊蛇 Achalinus spinalis		LC	东洋界广布种
(11)	青脊蛇 Achalinus ater		LC	华中区种
八	**钝头蛇科 Pareidae**			
9	钝头蛇属 Pareas			
(12)	平鳞钝头蛇 Pareas boulengeri		LC	华中区种
(13)	中国钝头蛇 Pareas chinensis		LC	东洋界广布种
(14)	福建钝头蛇 Pareas stanleyi		DD	华中区种
九	**游蛇科 Colubridae**			
10	林蛇属 Boiga			
(15)	绞花林蛇 Boiga kraepelini		LC	东洋界广布种
11	小头蛇属 Oligodon			
(16)	龙胜小头蛇 Oligodon lungshenensis		NT	华中区种
(17)	中国小头蛇 Oligodon chinensis		LC	华中、华南区种
(18)	紫棕小头蛇 Oligodon cinereus		LC	华中、华南区种
12	翠青蛇属 Cyclophiops			
(19)	翠青蛇 Cyclophiops major		LC	古北界、东洋界广布种
13	白环蛇属 Lycodon			
(20)	黄链蛇 Lycodon flavozonatus		LC	东洋界广布种
(21)	黑背白环蛇 Lycodon ruhstrati		LC	东洋界广布种
(22)	赤链蛇 Lycodon rufozonatus		LC	古北界、东洋界广布种
(23)	花坪白环蛇 Lycodon cathaya			华中区种
14	玉斑蛇属 Euprepiophis			
(24)	玉斑锦蛇 Euprepiophis mandarinus		LC	西南区种
15	紫灰蛇属 Oreocryptophis			

（续表）

序号	名称	保护级别	IUCN濒危等级	区系
(25)	紫灰锦蛇 Oreocryptophis porphyraceus		LC	东洋界广布种
16	锦蛇属 Elaphe			
(26)	王锦蛇 Elaphe carinata		LC	古北界、东洋界广布种
(27)	黑眉锦蛇 Elaphe taeniura		VU	古北界、东洋界广布种
17	树栖锦蛇属 Gonyosoma			
(28)	灰腹绿锦蛇 Gonyosoma frenatum		LC	东洋界广布种
18	鼠蛇属 Ptyas			
(29)	乌梢蛇 Ptyas dhumnades		LC	古北界、东洋界广布种
(30)	灰鼠蛇 Ptyas korros	二级	NT	华中、华南区种
(31)	滑鼠蛇 Ptyas mucosa		LC	东洋界广布种
19	方花蛇属 Archelaphe			
(32)	方花蛇 Archelaphe bella		LC	华中区种
十	**水游蛇科 Natricidae**			
20	腹链蛇属 Amphiesma			
(33)	草腹链蛇 Amphiesma stolatum		LC	古北界、东洋界广布种
21	东亚腹链蛇属 Hebius			
(34)	锈链腹链蛇 Hebius craspedogaster		LC	古北界、东洋界广布种
(35)	丽纹腹链蛇 Hebius optatus		LC	华中、西南区种
(36)	黑带腹链蛇 Hebius bitaeniatus		LC	
(37)	白眉腹链蛇 Hebius boulengeri		LC	华中、华南区种
(38)	坡普腹链蛇 Hebius popei		LC	华中、华南区种
(39)	棕黑腹链蛇 Hebius sauteri		LC	华中、华南区种
(40)	八线腹链蛇 Hebius octolineatus		LC	东洋界广布种
22	伪蝮蛇属 Pseudoagkistrodon			
(41)	颈棱蛇 Pseudoagkistrodon rudis		LC	古北界、东洋界广布种
23	颈槽蛇属 Rhabdophis			
(42)	虎斑颈槽蛇 Rhabdophis tigrinus		LC	古北界、东洋界广布种
24	后棱蛇属 Opisthotropis			
(43)	赵氏后棱蛇 Opisthotropis zhaoermii			华中区种
25	华游蛇属 Trimerodytes			
(44)	乌华游蛇 Trimerodytes percarinatus		LC	东洋界广布种
(45)	环纹华游蛇 Trimerodytes aequifasciatus		LC	华中、华南区种
十一	**斜鳞蛇科 Pseudoxenodontidae**			
26	斜鳞蛇属 Pseudoxenodon			
(46)	崇安斜鳞蛇 Pseudoxenodon karlschmidti		LC	华中、华南区种
(47)	大眼斜鳞蛇 Pseudoxenodon macrops		LC	华中、华南区种
(48)	横纹斜鳞蛇 Pseudoxenodon bambusicola		LC	华中、华南区种
27	颈斑蛇属 Plagiopholis			
(49)	福建颈斑蛇 Plagiopholis styani		LC	华中、华南区种

（续表）

序号	名称	保护级别	IUCN濒危等级	区系
十二	剑蛇科 Sibynophiidae			
28	剑蛇属 Sibynophis			
(50)	棕头剑蛇 Sibynophis grahami			华中、华南区种
十三	两头蛇科 Calamariidae			
29	两头蛇属 Calamaria			
(51)	尖尾两头蛇 Calamaria pavimentata		LC	东洋界广布种
(52)	钝尾两头蛇 Calamaria septentrionalis		LC	东洋界广布种
十四	蝰科 Viperidae			
30	白头蝰属 Azemiops			
(53)	白头蝰 Azemiops kharini		LC	东洋界广布种
31	原矛头蝮属 Protobothrops			
(54)	原矛头蝮 Protobothrops mucrosquamatus		LC	古北界、东洋界广布种
32	尖吻蝮属 Deinagkistrodon			
(55)	尖吻蝮 Deinagkistrodon acutus		VU	华中、华南区种
33	烙铁头属 Ovophis			
(56)	山烙铁头蛇 Ovophis monticola		LC	东洋界广布种
34	绿蝮属 Viridovipera			
(57)	福建竹叶青蛇 Viridovipera stejnegeri		LC	东洋界广布种
35	华蝮属 Sinovipera			
(58)	四川华蝮 Sinovipera sichuanensis		DD	华中区种
十五	眼镜蛇科 Elapidae			
36	环蛇属 Bungarus			
(59)	银环蛇 Bungarus multicinctus		LC	东洋界广布种
37	中华珊瑚蛇属 Sinomicrurus			
(60)	中华珊瑚蛇 Sinomicrurus macclellandi		LC	东洋界广布种
(61)	福建华珊瑚蛇 Sinomicrurus kelloggi		LC	华中、华南区种
38	眼镜蛇属 Naja			
(62)	舟山眼镜蛇 Naja atra		VU	华中、华南区种
39	眼镜王蛇属 Ophiophagus			
(63)	眼镜王蛇 Ophiophagus hannah	二级	VU	东洋界广布种

注："CR"为极危；"EN"为濒危；"VU"为易危；"NT"为近危；"LC"为无危；"DD"为数据缺乏。

第二章

两栖动物

术语与分类描述

|一| 两栖动物分类术语

两栖动物的骨骼特征是鉴别其科、属的主要依据。对于种的鉴定，除应用骨骼特征以外，还依据外部形态特征进行综合鉴定。据此，分别对有尾目和无尾目的主要形态结构，特别是外部形态特征加以说明，以便于掌握两栖动物分类学上常用的术语。

（一）有尾目成体和幼体的外部形态

1. 有尾目成体的外形常用量度

有尾目成体在分类上常用的量度（图1）有下列各项。

全长（total length，TOL）：
自吻端至尾末端的长度。

头长（headlength，HL）：
自吻端至颈褶或口角（无颈褶者）的长度。

头体长（snout-vent length，SVL）：
自吻端至肛孔后缘的长度。

头宽（head width，HW）：
头或颈褶左右两侧之间的最大距离。

吻长（snout length，SL）：
自吻端至眼前角之间的距离。

躯干长（trunk length，TRL）：
自颈褶至肛孔后缘的长度。

眼间距（interorbital space，IOS）：
左右上眼睑内侧缘之间的最窄距离。

眼径（diameter of eye，ED）：
与体轴平行的眼的直径。

尾长（tail length，TL）：
自肛孔后缘至尾末端的长度。

尾高（tail height，TH）：
尾上下缘之间的最大宽度。

尾宽（tail width，TW）：
尾基部即肛孔两侧之间的最大宽度。

前肢长（length of foreleg，FLL）：
自前肢基部至最长指末端的长度。

后肢长（length of hind leg，HLL）：
自后肢基部至最长趾末端的长度。

腋至胯距（space between axilla and groin，AGS）：
自前肢基部后缘至后肢基部前缘之间的距离。

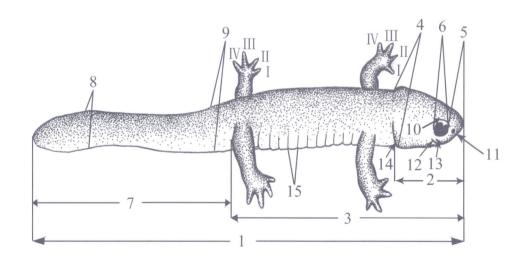

【图1】
有尾目成体外部形态及常用量度示意图
（山溪鲵属 *Batrachuperus* sp.；引自费梁等，2006）

1. 全长；2. 头长；3. 头体长；4. 头宽；5. 吻长；
6. 眼径；7. 尾长；8. 尾高；9. 尾宽；10. 上眼睑；
11. 鼻孔；12. 口裂；13. 唇褶；14. 颈褶；15. 肋沟；
I、II、III、IV分别表示指和趾的顺序。

2. 有尾目外部形态特征常用术语

犁骨齿 (vomerine teeth)：

着生在犁腭骨上的细齿，其齿列的位置、形状和长短均具有分类学意义（图2）。

囟门 (fontanelle)：

指颅骨背壁未完全骨化所留下的孔隙。位于前颌骨与鼻骨之间者称前颌囟；位于左右额骨与顶骨之中缝者称额顶囟。

唇褶 (labial fold)：

颌缘皮肤肌肉组织的帘状褶。通常在上唇侧缘后半部，掩盖着对应的下唇缘，见于山溪鲵、北鲵等属。

颈褶 (jugular fold)：

存在于颈部两侧及其腹面的皮肤皱褶，通常作为头部与躯干部的分界线。

肋沟 (costal groove)：

指躯干部两侧、位于两肋骨之间形成的体表凹沟。

尾鳍褶 (tail fin fold)：

位于尾上（背）方、下（腹）方的皮肤肌肉褶襞称尾鳍褶；在尾上方者称尾背鳍褶，反之称尾腹鳍褶。不同于无尾目蝌蚪的膜状尾鳍（图3）。

角质鞘 (horny cover)：

一般指四肢掌、跖及指、趾底面皮肤的角质化表

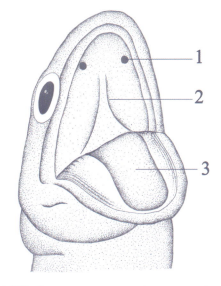

【图2】
蝾螈科头部口腔示意图
（引自费梁等，2006）

1. 内鼻孔；
2. 犁骨齿；
3. 舌。

层，呈棕黑色，如山溪鲵。

卵胶袋或卵鞘袋 (egg sack)：

成熟卵在输卵管内向后移动时，管壁分泌的蛋白质将卵粒包裹后产出，蛋白层吸水膨胀形成袋状物，卵粒在袋内成单行或多行交错排列。

童体型或幼态性熟 (neoteny)：

指性腺成熟能进行繁殖，但又保留有幼体形态特征（如具外鳃或鳃孔）的现象。

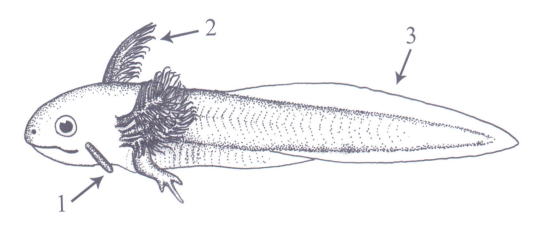

【图3】
有尾目幼体形态结构示意图
（引自费梁等，2006）

1. 平衡枝；
2. 外鳃；
3. 尾鳍褶。

（二）无尾目成体的外部形态

1. 无尾目成体外部形态的常用量度

无尾目成体在分类上常用的量度（图4）有下列各项。

体长（snout-vent length，SVL）：

自吻端至体后端的长度。

头长（head length，HL）：

自吻端至上下颌关节后缘的长度。

头宽（head width，HW）：

头两侧之间的最大距离。

吻长（snout length，SL）：

自吻端至眼前角的长度。

鼻间距（internasal space，INS）：

左、右鼻孔内缘之间的距离。

眼间距（interorbital space，IOS）：

左、右上眼睑内侧缘之间的最窄距离。

上眼睑宽（width of upper eyelid，UEW）：

上眼睑的最大宽度。

眼径（diameter of eye，ED）：

与体轴平行的眼的直径。

鼓膜径（diameter of tympanum，TD）：

鼓膜最大的直径。

前臂及手长（length of lower arm and hand，LAHL）：

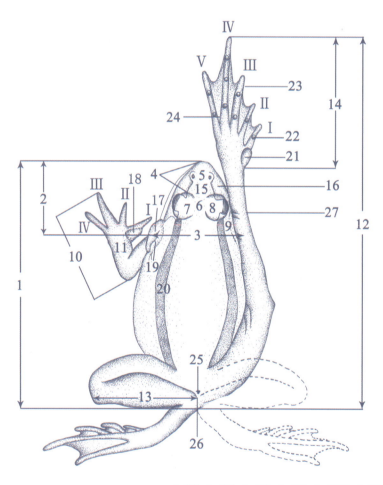

【图4】
无尾目成体外部形态及常用量度示意图
（黑斑侧褶蛙；引自费梁等，2009a）

1. 体长；2. 头长；3. 头宽；4. 吻长；5. 鼻间距；6. 眼间距；7. 上眼睑宽；8. 眼径；9. 鼓膜；10. 前臂及手长；11. 前臂宽；12. 后肢全长；13. 胫长；14. 足长；15. 吻棱；16. 颊部；17. 咽侧外声囊；18. 婚垫；19. 颞褶；20. 背侧褶；21. 内跖突；22. 关节下瘤；23. 蹼；24. 外侧跗间之蹼；25. 肛；26. 示左、右跟部相遇；27. 示胫跗关节前达鼻部；手上的Ⅰ、Ⅱ、Ⅲ、Ⅳ表示指的顺序；足上的Ⅰ、Ⅱ、Ⅲ、Ⅳ、Ⅴ表示趾的顺序。

自肘关节至第3指末端的长度。

前臂宽 (diameter of lower arm，LAD)：

前臂最粗的直径。

后肢或腿全长 (hind limb length or leg length，HLL)：

自体后端正中部位至第4趾末端长度。

胫长 (tibia length，TL)：

胫部两端之间的长度。

胫宽 (tibia width，TW)：

胫部最粗的直径。

跗足长 (length of foot and tarsus，LFT)：

自胫跗关节至第4趾末端的长度。

足长 (foot length，FL)：

自内跖突的近端至第4趾末端的长度。

2. 外部形态特征常用术语

吻及吻棱 (snout and canthus rostralis)：

自眼前角至上颌前端称吻或吻部；吻背面两侧的线状棱称吻棱。吻部的形状及吻棱的明显与否，随属、种的不同而异。

颊部 (loreal region)：

指鼻眼之间的吻棱下方至上颌上方部位，其垂直或倾斜程度随属、种不同而异。

鼓膜 (tympanum)：

位于颞部中央，覆盖在中耳室外的一层皮肤薄膜，多为圆形。

内鼻孔 (internal naris or choanae)：

位于口腔顶壁前端1对与外鼻孔相通的小孔（图5）。

咽鼓管孔 (pores of Eustachian tube)：

位于口腔顶壁近两口角的1对小孔，与内耳相通，又称欧氏管孔。

上颌齿 (maxillary teeth)：

着生于上颌骨和前颌骨上的细齿，骨向腹面凸起而隐于口腔上皮内的嵴棱，称犁骨棱；犁骨齿着生在犁骨或犁骨棱上的一排或一团细齿，位于内鼻孔内侧

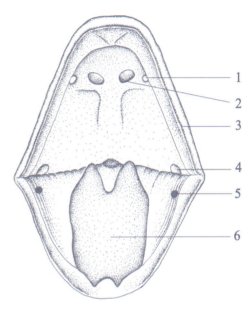

【图5】
无尾目口腔示意图（引自费梁等，2009a）

1. 内鼻孔；2. 犁骨齿；3. 上颌齿；4. 咽鼓管孔；5. 声囊孔；6. 舌；7. 舌后端缺刻。

或后缘。犁骨齿的有或无及其位置、形状大小可作为分类特征之一。

齿状突 (tooth-like projection)：

在下颌前方近中线的1对明显高出颌缘的齿状骨质突起。

声囊 (vocal sac)：

大多数种类的雄性，在咽喉部由咽部皮肤或肌肉扩展形成的囊状突起，称声囊（图6，图7）。在外表能观察到者称外声囊 (external vocal sac)，反之即称内声囊 (internal vocal sac)。内声囊是由肌肉褶襞形成的，且被皮肤所掩盖的突囊。

声囊孔 (opening of vocal sac)：

在舌两侧或近口角处各有一圆形或裂隙状的孔，称声囊孔（图6），声囊与口腔之间以此孔相通。

指、趾长顺序 (digitalformula)：

用阿拉伯数字表示指、趾长短的顺序，如3、4、2、1，即表示第3指最长，依次递减，第1指最短。

指、趾吸盘 (digital disc or disk)：

指、趾末端扩大呈圆盘状，其底部增厚成半月形

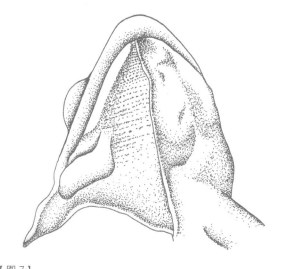

【图6】
颈侧外声囊
（黑斑侧褶蛙；引自费梁等，2009a）

【图7】
咽侧下内声囊
（中国林蛙；引自费梁等，2009a）

肉垫，可吸附于物体上。

　　指、趾沟（digital groove）：

　　沿指、趾吸盘边缘和腹侧的凹沟。根据凹沟的位置又可分为以下2种。

　　①边缘沟或环缘沟（circummarginal groove）：

　　指位于吸盘边缘，且在吸盘顶端贯通的凹沟，呈马蹄形，故又称马蹄形沟（horse shoe-shaped groove），其沟位于腹面边缘者又称腹缘沟（ventromarginal groove），如雨蛙科、树蛙科等物种（图8a）；其

沟位于吸盘背面边缘者又称背缘沟（dorsomarginal groove），如湍蛙属指吸盘（图8b）。

　　②腹侧沟（lateroventral groove）：

　　指位于吸盘腹面两侧，接近边缘的凹沟，或长或短，两沟在吸盘顶端互不相通，其间距或窄或宽，有的几乎相连，如蛙科中的臭蛙属和趾沟蛙属等的物种（图9a）。

　　关节下瘤（subarticular tubercles）：

　　为指、趾底面的活动关节之间的褶垫状突起（图9）。

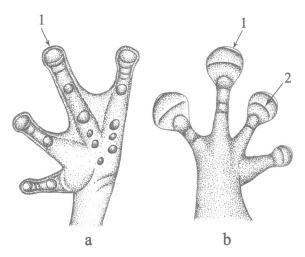

【图8】
手部背腹面示意图
（引自费梁等，2009a）

a.手部腹面观：箭头处为吸盘腹面的边缘沟；
b.手部背面观：示吸盘背面。
1.边缘沟；
2.横凹痕。

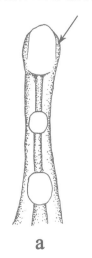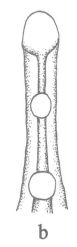

【图9】
指、趾末端示意图
（引自费梁等，2009a）

a.指部腹面观：
箭头处为示指端具腹侧沟；
b.指部腹面观：
图示指端无沟。

指基下瘤 (supernumerary tubercles below the base of finger)：

位于掌部远端，即在指基部的瘤状突起（图10）。

掌突与跖突 (metacarpal and metatarsal tubercles)：

指掌和跖底面基部的明显隆起，内侧者称内掌突与内跖突，外侧者则称外掌突与外跖突。它们的形状、大小、存在与否及内外二者的间距，因种类而异。

跗瘤 (tarsal tubercle)：

着生在胫跗关节后端的1个瘤状突起。

缘膜 (fringe)：

为指、趾两侧的膜状皮肤褶。

蹼 (web)：

连接指与指或趾与趾的皮膜，称为蹼。多数种类指间无蹼，仅少数种类如树栖的某些物种其指间有蹼；趾间一般都有蹼。蹼的发达程度则因种类不同而异，同一物种内两性之间也可能存在差异。

指间蹼：

主要以外侧2指，即第3、第4指之间蹼的形态，大致可分为如下5个类型。

① 微蹼或蹼迹 (rudimentary web)：

指侧缘膜在指间基部相连而成很弱的蹼（图11）。

② 1/3蹼 (one third web)：

指间蹼较明显，其蹼缘缺刻深，最深处未达到外侧2指的第2关节或关节下瘤中央的连线，如洪佛树蛙等（图12）。

③ 半蹼 (half web)：

指间蹼明显，其蹼缘缺刻最深处与外侧2指的第2关节下瘤之连线约相切，如峨眉树蛙等（图13）。

④ 全蹼 (entire web)：

指间蹼达指端，其蹼缘略凹陷，其凹陷最深处远超过外侧2指第2关节下瘤的连线，如白颌大树蛙等（图14）。

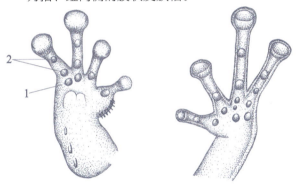

【图10】
武夷湍蛙和白颊费树蛙手部腹面观
（引自费梁等，2009a）

1. 指基下瘤；
2. 关节下瘤。

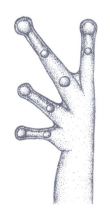

【图11】
侧条树蛙手部腹面观
示指间微蹼或蹼迹
（引自费梁等，2009a）

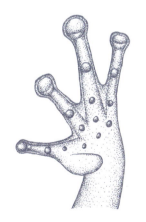

【图12】
洪佛树蛙手部腹面观
示指间 1/3 蹼
（引自费梁等，2009a）

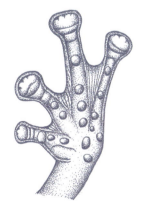

【图13】
峨眉树蛙手部腹面观
示指间半蹼
（引自费梁等，2009a）

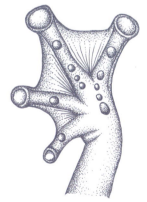

【图14】
白颌大树蛙手部腹面观
示指间全蹼
（引自费梁等，2009a）

⑤ 满蹼 (full web)：

指间蹼均达指端，蹼缘凸出或平齐于指吸盘基部，如黑蹼树蛙等（图15）。

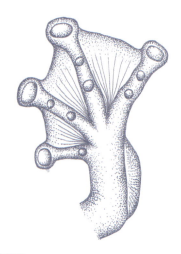

【图15】
黑蹼树蛙手部腹面观
示指间满蹼（引自费梁等，2009a）

趾间蹼：

以外侧3趾间即第3、第4趾和第4、第5趾之间蹼的形态，有的种趾间无蹼，如莽山角蟾等（图16），有蹼者大致可分为如下6个类型。

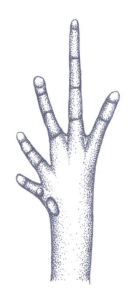

【图16】
莽山角蟾足部腹面观
示足趾间无蹼（引自费梁等，2009a）

① 微蹼或蹼迹：

趾侧缘膜在趾间基部相连接处有很弱的皮膜，如高山掌突蟾等（图17）。

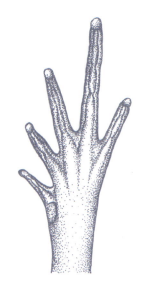

【图17】
高山掌突蟾足部腹面观
示趾间微蹼或蹼迹（引自费梁等，2009a）

② 1/3蹼：

趾间蹼均不达趾端，蹼缘缺刻很深，其最深处未达到第3、第4趾及第4、第5趾间的第2关节或关节下瘤中央的连线，如白颊水树蛙等（图18）。

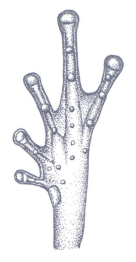

【图18】
白颊费树蛙足部腹面观
示趾间1/3蹼（引自费梁等，2009a）

③ 半蹼：

趾间蹼均不达趾端，蹼缘缺刻较深，其最深处与2趾的第2关节下瘤连线约相切，如中国林蛙等（图19）。

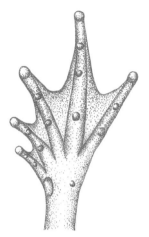

【图19】
中国林蛙足部腹面观
示趾间半蹼（引自费梁等，2009a）

④ 2/3蹼：

趾间蹼较发达，除第4趾侧的蹼不达趾端而仅达第3关节下瘤及其附近外，其余各趾的蹼均达趾端，但蹼缘缺刻最深处超过2趾第2关节下瘤的连线，如花臭蛙等（图20）。

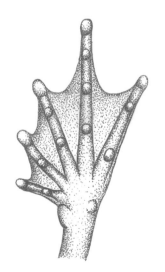

【图20】
花臭蛙足部腹面观
示趾间 2/3 蹼（引自费梁等，2009a）

⑤ 全蹼：

各趾的蹼均达趾端，其蹼缘凹陷呈弧形，凹陷最深处远超过2趾第2关节下瘤的连线，如无指盘臭蛙等（图21）。

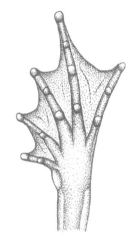

【图21】
无指盘臭蛙足部腹面观
示趾间全蹼（引自费梁等，2009a）

⑥ 满蹼：

趾间蹼达趾端，其蹼缘凸出或平齐于趾端的连线，如隆肛蛙和尖舌浮蛙（图22）。

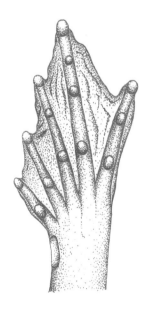

【图22】
隆肛蛙足部腹面观
示趾间满蹼（引自费梁等，2009a）

雄性线 (lineae masculinae)：

雄蛙的腹斜肌（腹内斜肌和腹外斜肌）与腹直肌之间的带状结缔组织，呈白色、粉红色或红色

（图23）；部分种类在背侧也有此线。大多存在于高等类群的种类中，低等类群少有此线。

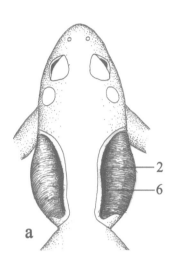

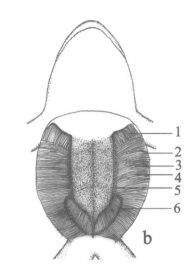

【图23】
雄性黑斑侧褶蛙背腹侧雄性线
（引自费梁等，2009a）

a. 背面观；b. 腹面观；
1. 腹内斜肌；2. 腹外斜肌；
3. 白线；4. 腱划；
5. 腹直肌；6. 雄性线。

皮肤表面结构仅根据皮肤表面的隆起状态，以肉眼所能观察到的加以说明。

头棱或头侧棱 (cephalic ridges)：

有的种类在头部两侧，即从吻端经眼部内侧至鼓膜上方由皮肤形成的非角质化、角质化或骨质化的嵴棱，统称头棱或头侧棱（图24）。

跗褶 (tarsal fold)：

在后肢跗部背、腹交界处的纵走皮肤腺隆起，称跗褶（图25）；内侧者为内跗褶，外侧者为外跗褶。

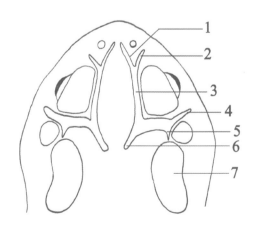

【图24】
蟾蜍属头部背面观
（引自费梁等，2009a）

1. 吻上棱；2. 眶前棱；
3. 眶上棱；4. 眶后棱；
5. 鼓上棱；6. 顶棱；7. 耳后腺。

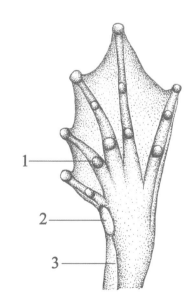

【图25】
版纳大头蛙足部腹面观
（引自费梁等，2009a）

1. 关节下瘤；
2. 跖突；
3. 跗褶。

肤褶或肤棱 (skin fold or skinridge)：

皮肤表面略微增厚而形成分散的细褶。

耳后腺 (parotoid gland)：

指位于眼后至枕部两侧由皮肤增厚形成的明显腺体。其大小和形态因种而异（图24）。

颞褶 (temporal fold，supratympanic fold)：

自眼后经颞部背侧达肩部的皮肤增厚所形成的隆起（图26）。

背侧褶 (dorsolateral fold)：

在背部两侧，一般起自眼后伸达胯部的1对纵向走行皮肤腺隆起（图26）。

【图26】
蛙 *Rana* sp. 侧面观
（引自费梁等，2009a）

1. 颞褶；
2. 背侧褶。

颌腺 (maxillary gland)或口角腺 (rectal gland)：

位于两口角后方的成团或窄长皮肤腺体（图27）。

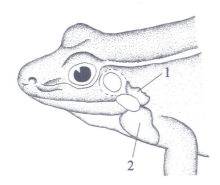

【图27】
沼水蛙侧面观
（引自费梁等，2009a）

1. 颌腺；
2. 肱腺。

肱腺或臂腺 (humeral gland)：

位于雄蛙前肢或上臂基部前方的扁平皮肤腺（图27），如沼水蛙、黑带水蛙。

肩腺 (shoulder gland，suprabrachial gland)：

位于雄蛙体侧肩部后上方的扁平皮肤腺体（图28），如弹琴蛙、滇蛙。

【图28】
滇蛙侧面观
（引自费梁等，2009a）

箭头处为肩腺。

股腺 (femoral gland)：

位于股部后下方的疣状皮肤腺体（图29），如金顶齿突蟾。

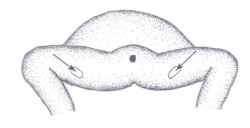

【图29】
金顶齿突蟾股后观
（引自费梁等，2009a）

箭头处为股后部股腺。

胸腺 (chest gland，pectoral gland)：

位于雄蛙胸部的1对扁平皮肤腺体；一般在繁殖季节明显，而且上面多被着生的棕褐色或黑色角质刺团所掩盖（图30）。

腋腺或胁腺 (axillary gland)：

位于腋部（胁部）内侧的1对扁平腺体；雌、雄蛙均有之，一般色较浅，雄蛙的腋腺在胸腺的外侧，有的种类在繁殖季节胸腺上还着生有深色角质刺（图30）。

胫腺 (tibial gland)：

在胫跗部外侧的粗厚皮肤腺体，如胫腺侧褶蛙。

瘰粒 (warts)：

指皮肤上排列不规则、分散或密集而表面较粗糙的大隆起，如蟾蜍属。

疣粒及痣粒 (tubercle and granule)：

较之瘰粒要小的光滑隆起即称疣粒；较疣粒更小的隆起则为痣粒，有的呈小刺状。二者的区别是相对的，仅为描述方便而提出。

角质刺 (keratinized spines，horny spines)：

是皮肤局部角质化的衍生物，呈刺状或锥状，多为黑褐色。其大小、强弱、疏密和着生的部位因种而异。

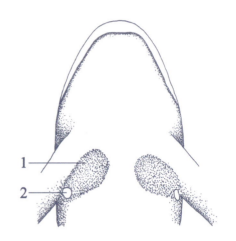

【图30】
疣刺齿蟾腹面观
（引自费梁等，2009a）

　　　　　1. 胸腺；
　　　　　2. 腋腺或胁腺。

婚垫与婚刺 (nuptial pad and nuptial spines)：

雄蛙第1指基部内侧的局部隆起称婚垫，少数种类的第2、第3指内侧亦存在。婚垫上着生的角质刺即称婚刺（图31，图32）。

a　　　　　　　　b

【图31】
峨眉角蟾手部背面观
（引自费梁等，2009a）

　　　　　a. 示婚刺群所在部位；
　　　　　b. 示婚刺细密。

 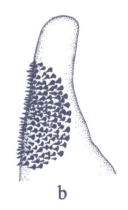

a　　　　　　　　b

【图32】
棘指角蟾手部背面观
（引自费梁等，2009a）

　　　　　a. 示婚刺群所在部位；
　　　　　b. 示婚刺粗大。

3. 骨骼系统

（1）肩带与胸骨组合的类型：

① 弧胸型 (arcifera)：

主要特征是上喙软骨颇大且呈弧状，其外侧与前喙软骨和喙骨相连，一般是右上喙软骨重叠在左上喙软骨的腹面，肩带可通过上喙软骨在腹面左右交错活动；前胸骨与中胸骨仅部分发达或不发达（图33a），如铃蟾科、角蟾科、蟾蜍科和雨蛙科均属弧胸型。

② 固胸型 (firmistema)：

主要特征是上喙软骨极小，其外侧与前喙软骨和喙骨相连，左、右上喙软骨在腹中线紧密连接而不重叠，有的种类甚至合并成1条窄小的上喙骨；肩带不能通过上喙软骨左、右交错活动。蛙科、树蛙科和姬蛙科属于固胸型（图33b）。有的种类具弧固胸肩带 (arcifero-firmisterny)：上喙软骨小，略呈弧状，其右上喙软骨下部略重叠在左上喙软骨的腹面，其前部与前喙软骨和喙骨相连，肩带可通过上喙软骨后部在腹面左右交错活动（图33c）。

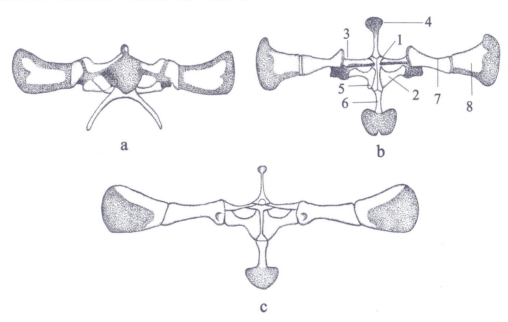

【图33】
无尾目肩带类型
（引自费梁等，2009a）

a. 弧胸型肩带（大蹼铃蟾）；b. 固胸型肩带（黑斑侧褶蛙）；
c. 弧固胸肩带（虎纹蛙）；
1. 前喙软骨；2. 喙骨；3. 锁骨；4. 前胸骨（上胸骨、肩胸骨）；
5. 上喙骨；6. 后胸骨（中胸骨和剑胸骨）；7. 肩胛骨；8. 上肩胛骨。

（2）椎体类型：

无尾目的脊柱有10枚椎骨，即颈椎（寰椎）1枚、躯椎7枚、荐椎（或骶椎）和尾杆骨（或尾椎）各1枚。椎骨的椎体均不发达，按照前后接触面的凹凸差异，组成如下5种类型（图34）。

①双凹型 (amphicoelous)：

各个椎骨的椎体前后都是凹的，如尾蟾（图34a）。

②后凹型 (opisthocoelous)：

各个椎骨的椎体都是前凸后凹的，如铃蟾科即属此型。其前3枚躯椎各具1对短肋，荐椎横突宽大，尾杆骨髁1个或2个；尾杆骨近端常有1对或2对退化的横突（图34b）。

③变凹型 (anomocoelous)：

大部分或全部椎体都是前凹后凸的，间或也有若干个椎体前后是凹的（即为双凹）；荐椎横突宽大；荐椎与尾杆骨完全愈合而无关节，或者具关节而仅有1个尾杆骨髁，如角蟾科属此类型（图34c）。

④前凹型（procoelous）：

各个椎骨的椎体都是前凹后凸的；荐椎横突较宽大，尾杆骨髁2个，如蟾蜍科和雨蛙科属此类型（图34d）。

⑤参差型（diplasiocoelous）：

第1至第7枚椎骨的椎体为前凹型；第8枚椎骨的椎体却为双凹；荐椎的椎体前后都是凸的（即为双凸），其前凸面与第8枚的后凹面相关节，而其后凸面为2个尾杆骨髁与尾杆骨相关节；荐椎横突呈柱状或略宽大。如蛙科、树蛙科和姬蛙科属于该类型（图34e）。

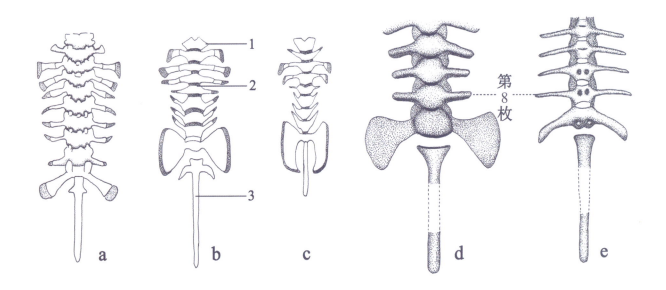

【图34】
无尾目脊柱类型
（引自费梁等，2009a）

a. 双凹型（尾蟾）；b. 后凹型（大蹼铃蟾）；c. 变凹型（无蹼齿蟾）；
d. 前凹型（中华蟾蜍）；e. 参差型（黑斑侧褶蛙）；
1. 颈椎；2. 躯椎；3. 荐椎；4. 尾椎（尾杆骨）。

（3）介间软骨（intercalary cartilage）：

指、趾最末2个骨节之间的一小块软骨，有的可能骨化（图35）。雨蛙科和树蛙科均有此软骨。

（4）"Y"形骨（"Y"-shaped phalange）：

指、趾最末节骨的远端分叉呈"Y"形（图35），如树蛙科。

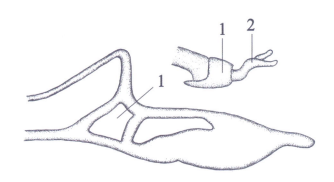

【图35】
树蛙属指、趾的末段骨节
（引自费梁等，2009a）

1. 介间软骨；
2. "Y"形骨。

（三）无尾目蝌蚪外形量度和形态结构特征

1. 无尾目蝌蚪的外形量度

无尾目蝌蚪在分类学上常用的量度（图36）有下列各项。

全长 (total length，TOL)：

自吻端至尾末端的长度。

头体长 (snout-vent length，SVL)：

自吻端至肛管基部的长度。

体高 (body height，BH)：

体背、腹面之间的最大高度。

体宽 (body width，BW)：

体两侧的最大宽度。

吻长 (snout length，SL)：

自吻端至眼前角的长度。

吻至出水孔 (snout to spiraculum，SS)：

自吻端至出水孔的长度。

口宽 (mouth width，MW)：

上、下唇左右会合处的最大宽度。

眼间距 (interocular space，IOS)：

两眼之间的最窄距离。

尾肌宽 (diameter of tail muscle，TMD)：

尾基部的最大直径。

尾长 (tail length，TL)：

自肛管基部至尾末端的长度。

尾高 (tail height，TH)：

尾上、下缘之间的最大高度。

后肢或后肢芽长 (length of hind limb or hind limb bud，HLL)：

自后肢（或后肢芽）基部至第4趾末端的长度。当后肢发育较为完全时，或仅量跗足长。

2. 无尾目蝌蚪外部形态特征常用术语

出水孔 (spiraculum, spiracle)：

指小蝌蚪的外鳃被鳃盖褶包盖后，在体表保留的出水小孔。

尾鳍 (caudal fin)：

位于尾部分节的肌肉上、下方的薄膜状结构，称为尾鳍；上方者称为上尾鳍，反之则为下尾鳍。

尾末段形态可分为5个类型：尾部末段细尖，如

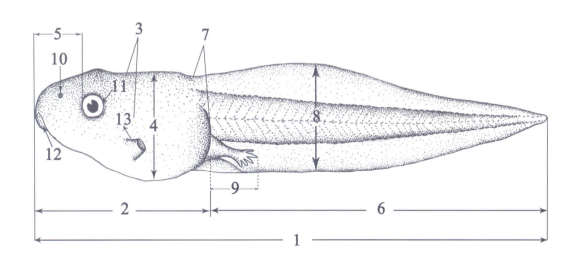

【图36】
无尾目蝌蚪外部形态及常用量度示意图
（山溪鲵属 *Batrachuperus* sp.，引自费梁等，2006）

1. 全长；2. 头体长；3. 体宽；4. 体高；
5. 吻长；6. 尾长；7. 尾肌宽；8. 尾高；
9. 后肢长；10. 鼻孔；11. 眼；12. 口部；
13. 出水孔；14. 肛部。

斑腿泛树蛙（图37）；尾部末段尖，如华西雨蛙（图38）；尾部末段钝尖，如宝兴树蛙（图39）；尾部末段钝圆，如隆肛蛙（图40）；尾部末段圆，如西藏蟾蜍（图41）。

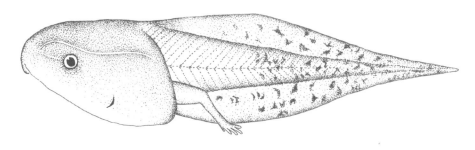

【图 37】
斑腿泛树蛙蝌蚪示尾部末段细尖（引自费梁等，2009a）

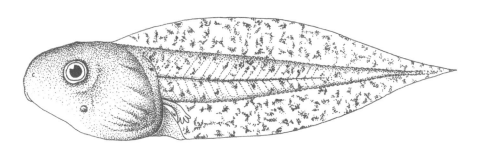

【图 38】
华西雨蛙蝌蚪示尾部末段尖（引自费梁等，2009a）

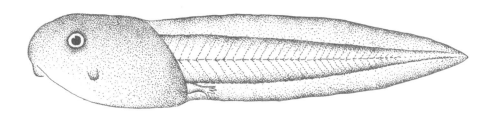

【图 39】
宝兴树蛙蝌蚪示尾部末段钝尖（引自费梁等，2009a）

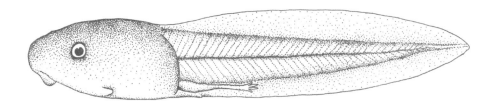

【图 40】
隆肛蛙蝌蚪示尾部末段钝圆（引自费梁等，2009a）

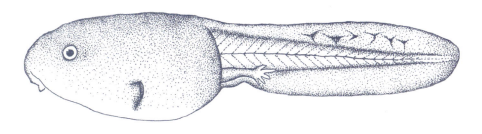

【图41】
西藏蟾蜍蝌蚪示尾部末段圆（引自费梁等，2009a）

3．无尾目蝌蚪口部形态特征常用术语

唇乳突 (labial papillae)：

口部周围具宽的薄唇，上方者称为上唇，下方者为下唇，上、下唇两侧的会合处即为口角。唇游离缘上的乳头状小突起称唇乳突，有的亦称唇缘乳突 (labial marginal papillae)（图42）。唇乳突的多少及分布因类群不同而异。

副突 (additional papillae)：

位于两口角内侧的若干小突起，称副突（图42）。

唇齿及唇齿式 (labial teeth and keratodont formula)：

上、下唇内侧一般具横行的棱状突起即唇齿棱，其上生长着密集的角质齿称唇齿。唇齿的行数和排列方式随种类的不同而有差异，可用唇齿式表示，如 Ⅰ：1+1 / 1+1：Ⅱ（图42）。斜线"/"之上为上唇齿，第1排（外排）是完整的，用"Ⅰ"表示，第2排左右对称排列，各为1短行，即用"1+1"表示。斜线之下为下唇齿，由内向外，第1排（内排）中央间断成左右两短行，即用"1+1"表示；第2和3排是完整的，在中央不间断，即用"Ⅱ"表示。

角质颌 (keratinized beak, horny beak)：

指口部中央的上、下两片黑褐色角质结构，其游离缘有锯齿状突起（图42）。上、下颌片中央是口；口的内部即为口咽腔 (buccopharyngeal cavity)。

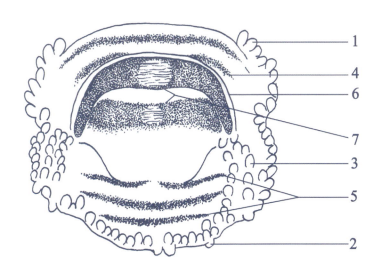

【图42】
蝌蚪口部
（黑斑侧褶蛙；引自费梁等，2009a）

1. 上唇乳突；2. 下唇乳突；3. 副突；
4. 上唇齿式（Ⅰ：1+1）；5. 下唇齿式（1+1：Ⅱ）；
6. 角质颌；7. 锯齿状突。

舌前乳突 (prelingual papillae)：

曾称"味觉器"（taste organs）。位于口咽腔前部，即下颌片后方至舌原基 (tongue anlage) 前方之间的若干成对的小突起，称舌前乳突（图43）。它们的形态（包括分支）、数量及排列方式等均有分类学意义。

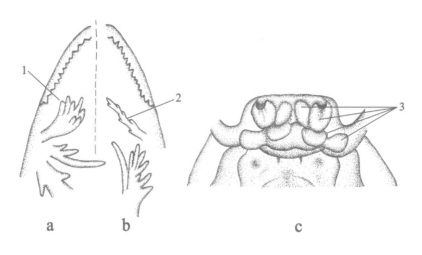

【图43】
蝌蚪口腔内舌前乳突示意图
（引自费梁等，2009a）

a. 齿蟾属：第1对舌前乳突；b. 齿突蟾属：第1对舌前乳突；
c. 角蟾属：舌前乳突。
1. 示呈多指掌状；2. 示呈单指状；3. 示呈匙状，共4对。

4. 蝌蚪类型

依据唇齿的有无和出水孔的位置，可将蝌蚪分为5个类型。

①无唇齿双孔型 (xenoanura)：

蝌蚪口部无唇齿及角质颌；在腹部具1对出水孔（图44）。

②无唇齿腹孔型 (scoptanura)：

口部无唇齿及角质颌；在腹部后端中央仅有1个出水孔（图45）。仅姬蛙科属此型。

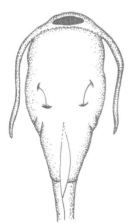

【图44】
负子蟾属蝌蚪（引自费梁等，2009a）
示无唇齿和2个出水孔位于腹中部两侧

【图45】
姬蛙属蝌蚪（引自费梁等，2009a）
示无唇齿和1个出水孔位于腹后部

③有唇齿腹孔型（1emmanura）：

口部具唇齿及角质颌；在腹部中央有1个出水孔（图46）。

此型包括盘舌蟾科、铃蟾科和尾蟾科。

④有唇齿左孔型（Acosmanura）：

口部具唇齿及角质颌；出水孔位于体左侧（图47）。

除上述3种类型和浮蛙亚科之外的其余各科的蝌蚪均属此型。

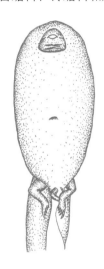

【图46】
铃蟾属蝌蚪（引自费梁等，2009a）
示有唇齿和1个出水孔位于腹中部

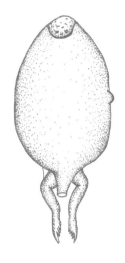

【图47】
蛙科蝌蚪（引自费梁等，2009a）
示有唇齿和1个出水孔位于体左侧

⑤无唇齿左孔型：

除以上4种类型之外，有的类群无唇齿和唇乳突，而出水孔位于体左侧（图48），如浮蛙亚科。

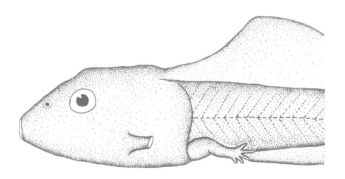

【图48】
尖舌浮蛙蝌蚪身体前部侧面观（引自费梁等，2009a）
示无唇齿和1个出水孔位于体左侧

I 有尾目 Caudata

隐鳃鲵科 Cryptobranchidae

大鲵属 *Andrias* Tschudi, 1837

1

大鲵
Andrias davidianus (Blanchard, 1871)

【保护级别】国家二级保护野生动物，《中国生物多样性红色名录》极危（CR）物种，IUCN红色名录极危（CR）物种。

【鉴别特征】成体全长约1m。头大而宽扁，躯干扁平，尾短而侧扁；眼小，无眼睑；头部背、腹面均有成对疣粒，体侧有纵行皮肤褶；生活时周身以棕褐色为主，体背常有不规则的深褐色斑纹。

大鲵

【形态描述】体大而扁平，全长一般1m左右，最长可达2m以上。头大而扁，头长略大于头宽；吻端钝圆，略突出于下颌；外鼻孔小，近吻端；眼小，无眼睑；口大。尾长约为体长的1/2，尾高为尾长的1/4～1/3，尾的基部圆柱状，向后逐渐侧扁，尾端钝圆。四肢短粗而扁，后肢较前肢长。体表皮肤光滑，能分泌大量黏液；头部尤其眼眶周围、口角后及颈褶等处有大小不等的疣粒。体色以棕褐为主，随生境不同而有变化，全身有黑色或深褐色的不规则斑纹。

【生态习性】生活于海拔800～1500m山区中林木荫蔽处，以及水流较急而清凉的、阴河、岩洞和深水潭中。主要以蟹、蛙、鱼、虾和水生昆虫成虫，及水生昆虫幼虫等为食。繁殖季节在7—9月，一般产卵300～1500粒，卵多以单粒排列呈念珠状。

【地理分布】雷公山见于桃江、南老、石灰河、方祥、小丹江。贵州省内见于雷山、江口、松桃、印江、金沙、贵定、贵阳、桐梓、正安、务川、凤冈、湄潭、余庆、德江、黄平、凯里、施秉、镇远、岑巩、榕江、锦平、玉屏、水城、沿河、石阡等地。国内见于贵州、河北、河南、山西、陕西、甘肃、青海、四川、重庆、云南、广西、湖北、湖南、江西、江苏、上海、浙江、福建、广东。

蝾螈科
Salamandridae

肥螈属
Pachytriton Boulenger, 1878

瑶山肥螈（雄；腹面）

瑶山肥螈

Pachytriton inexpectatus (Nishikawa, Jiang, Matsui et Mo, 2010)

【保护级别】《中国生物多样性红色名录》易危（VU）物种，"三有"保护动物，IUCN红色名录无危（LC）物种。

【鉴别特征】体形肥壮；皮肤光滑；四肢粗短，前后肢贴体相对时，指、趾端间距甚远，约相距3.5个肋沟；尾端宽圆；体背面呈棕褐色或黄褐色，无深色黑圆斑；腹面色浅，有橘黄色或橘红色大斑块，或相对呈两纵列。

【形态描述】体形肥壮，雄螈全长128.2～196.9mm，雌螈全长144.1～206.6mm。头部扁平，头长大于头

瑶山肥螈（雄；背面）

宽；吻部较长，吻端圆；无头侧脊棱；鼻孔极近吻端；枕部具"V"形棱脊或棱脊不显著；唇褶发达；上、下颌有细齿；犁骨齿呈"Λ"形；舌全与口腔底部相连；颈褶明显；躯干呈圆柱状，背腹略扁平；肋沟11条；背脊棱不隆起且略呈纵沟；前、后肢粗短；指、趾间均无蹼；指，趾均具缘膜；尾基部宽厚，后半段逐渐侧扁，末端钝圆；雄螈肛部显著隆起，肛孔纵长，内壁有乳突；雌螈肛部略隆起，肛孔较短，内壁无乳突。

体背面棕褐色或黄褐色，无深色黑圆斑；腹面色浅，有橘红色或橘黄色大斑块，或相连呈两纵列；咽部和四肢腹面有小红斑；尾下缘橘红色，连续或间断。皮肤光滑，体两侧和尾部有细横皱纹；咽喉部有纵肤褶，部分个体腹部有横缢纹。

【生态习性】生活于海拔900～1900m较为平缓的山溪内，溪内石块甚多，溪底多积有粗砂，水质清凉。成螈以水栖为主，白天多栖于石块下，夜晚多在水底石上爬行，主要捕食象鼻虫、石蝇、螺类、虾、蟹等小动物。繁殖季节在4—7月，雌螈产卵30～50粒，多以10余粒成群黏附在水中石上或杂物上。

【地理分布】雷公山见于桥歪、桃良、昂英、响水岩、乌东、仙女塘、格头、七里冲、松岗、三湾、冷竹山。贵州省内见于雷山、绥阳、三都、从江。中国特有种，国内见于贵州、广西、湖南、广东。

蝾螈科
Salamandridae

瘰螈属
Paramesotriton Chang, 1935

尾斑瘰螈（雄，腹面）

尾斑瘰螈（雄，背面）

3

尾斑瘰螈

Paramesotriton caudopunctatus
(Liu et Hu, 1973)

【保护级别】国家二级保护野生动物，《中国生物多样性红色名录》易危（VU）物种，IUCN红色名录近危（NT）物种。

【鉴别特征】全身布满小痣粒，背中央及两侧有3列纵行密集瘰疣；背脊隆起较高；吻长明显大于眼径；指、趾宽扁，两侧均有缘膜；体背有3条土黄色纵纹；雄螈尾两侧有镶黑边的紫红色圆斑或长条形斑。

【形态描述】体形适中，雄螈全长122～146mm，雌螈全长131～154mm。头略扁平，前窄后宽，头长大于头宽；头侧有腺质棱脊；鼻孔位于吻两侧端；唇褶很发达；犁骨齿呈"Λ"形；舌小，长圆形，两侧游离，前后端粘连于口腔底部；颈褶明显；躯干圆柱状；躯干及尾侧有不规则横行沟纹；背脊棱显著；前、后肢较长，前肢贴体向前时，指端超过眼前角缘；指、趾宽扁，其间均无蹼，但均具缘膜；尾基部粗壮，向后逐渐侧扁，末端钝圆；尾鳍褶薄而平直。雄螈尾部有镶黑边的紫红色圆斑或长条形斑，而雌螈尾部全无紫红色斑。

该螈体、尾橄榄绿色，体背面有3条橘黄色或黄褐色纵带纹至尾部逐渐消失；尾下部色浅，散有黑斑点；体腹面有橘红斑。皮肤较粗糙，背中央及两侧有3列纵行密集瘰疣，其间满布痣粒，腹中部皮肤较光滑。

【生态习性】生活在海拔800～1900m的低山阔叶林小型流溪且水流平缓的洄水塘或溪边静水域中，白天常隐伏在溪底，有时摆动尾部游泳至水面呼吸空气，游动时四肢贴体，以尾摆动而缓慢前进。

成螈营水栖生活，常匍匐于不同深度的水面下、较光滑的石滩上或水边烂枝叶下，多以水生昆虫成虫及其幼虫、虾、蛙卵和蝌蚪等为食。该螈受刺激后皮肤可分泌出乳白色黏液，似浓硫酸气味。繁殖季节在4—6月，雌螈产卵63～72粒，卵单粒状，卵群呈片状黏附在石缝内。

【地理分布】雷公山见于格头、桥歪、桃良、雷公坪、响水岩、大塘湾、乌东、松岗、格头、七里冲、雀鸟、欧防、毛坪。贵州省内见于雷山、台江。中国特有种，国内见于贵州、重庆、广西、湖南。

蝾螈科
Salamandridae

疣螈属
Tylototriton Anderson, 1871

4

茂兰疣螈
Tylototriton maolanensis(Li, Wei, Cheng, Zhang et Wang, 2020)

【**保护级别**】《中国生物多样性红色名录》未评估（NE）物种，"三有"保护动物，IUCN红色名录未评估（NE）物种。

茂兰疣螈（雄，背面）

茂兰疣螈（雄，腹面）

【鉴别特征】体形大；头长大于头宽；吻端平直；雄鲵尾长大于头体长；指端、泄殖腔周围区域和尾部下缘皮肤橙黄色；前后肢贴体相对时，四肢重叠较多；前肢前伸时，指尖超过吻端；背部瘰粒明显分开。

【形态描述】体形大，雄螈头体长76.8～85.2mm，雌螈头体长76.3～87.4mm。头长大于头宽，顶部略凹陷；吻近方形，背视平截，突出于下唇；颞上棱脊长且明显，沿吻侧延伸，经上眼睑内侧达枕部，中部具1对短且突出的棱脊；枕骨处2个三角形骨质棱指向侧脊，明显不与背脊相连；头背两骨质棱呈"V"形，被背脊相隔；眼位于头背外侧，突出于下唇；下颌缘具细小牙齿；犁骨齿长且突出，呈"Λ"形，前端分离；舌呈卵圆形，几乎完全与底部粘连，仅两侧边缘游离；颈部圆而粗，颈褶明显；躯干肥壮；背侧脊略凹陷，每侧由17枚近球形瘰粒构成，每两枚瘰粒间有细横缢纹前、后肢相对纤细，后肢略长于前肢；前肢贴体前伸时，指端超吻端；前、后肢贴体相对时，指、趾有较大重叠；雄螈尾长大于头体长，侧扁明显；尾高大于尾基宽，尾端钝圆；尾背鳍褶薄且高，始于尾基部；尾腹鳍褶厚且短，始于泄殖腔后部。

该螈体皮肤极粗糙，躯体布满疣粒及瘰粒；唇缘、肢端、四肢腹面、尾部腹缘较光滑；背中部，自颈至尾基的背脊相对狭窄且粗糙；背脊两侧各由一排粗糙球状瘰粒组成；背侧分布有较大的疣粒及瘰粒，自肩至尾基排列成线；腹侧疣粒及瘰粒相对扁平且较小。生活时，呈黑色或棕黑色，腹部颜色稍浅；指、趾端，指、趾腹，泄殖腔周围及尾下缘呈橙黄色，且尾下缘与泄殖腔周围的橙黄色相连。

【生态习性】该螈生活于海拔700～1900m山坡或山脚的水坑以及水流较为平缓的山涧溪流中。

【讨论】该物种原被记录为细痣疣螈（*Tylototriton asperrimus*）。本书通过对其进行分子生物学鉴定和形态学比较，显示分布于雷公山的疣螈与模式产地的茂兰疣螈聚为一支。两螈遗传距离为0.8%（基于*ND2*基因序列）。尽管两个种群间存在一定的遗传分化，但二者间的遗传距离远小于该属内其他物种间的遗传距离。因此，结合形态学比较和分子生物学鉴定结果，确认雷公山分布的疣螈为茂兰疣螈。

【地理分布】雷公山见于格头、桥歪、雷公坪，此次调查过程中仅在雷公坪和九眼塘发现。贵州特有种，见于雷山、荔波。

II 无尾目 Anura

蟾蜍科 Bufonidae

头棱蟾属 *Duttaphrynus* Frost, Grant, Faivovich et al., 2006

黑眶蟾蜍（雄，腹面）

5

黑眶蟾蜍

Duttaphrynus melanostictus (Schneider, 1799)

【保护级别】《中国生物多样性红色名录》近危（NT）物种，"三有"保护动物，IUCN红色名录无危（LC）物种。

【鉴别特征】体形大；鼓膜大而明显，具鼓上棱；吻棱及上眼睑内侧黑色骨质棱强；耳后腺不紧接眼后；生活时，成体背面一般黄棕色或黑棕色，部分个体具有不规则棕红色花斑；腹面乳黄色。

【形态描述】雄蟾体长72～81mm，雌蟾体长95～112mm。头长小于头宽；吻端钝圆形；吻棱明显（头部两侧有黑色骨质棱，该棱沿吻棱经上眼睑内侧直到

黑眶蟾蜍（雄，背面）

黑眶蟾蜍（雄，手腹面）

黑眶蟾蜍（雄，足腹面）

鼓膜上方）；鼓膜大而明显，呈椭圆形；无犁骨齿；舌椭圆形；雄蟾具单咽下内声囊，该部肌肉紫色，声囊孔长裂形位于右侧或左侧，少数两侧兼有之；趾基部相连具半蹼；指侧微具缘膜；趾侧有缘膜；指、趾端圆形，呈黑色；后肢较短，前伸贴体时，胫跗关节达肩后，左右跟部不相遇，体背皮肤粗糙，全身除头顶外，满布瘰粒或疣粒，背部瘰粒多，背中线两侧，自枕部至体端有排列成行的较大圆疣；腹部密布小疣，四肢刺疣较小；所有疣粒顶部都有黑色角质刺；背部一般黄棕色或黑棕色，部分个体具不规则棕红色斑；腹面乳黄色，常有花斑。

【生态习性】生活于山区的各种环境，尤其以住宅及耕地附近的石堆、杂草中较多。该蟾行动缓慢，匍匐爬行。夜晚出外觅食，常在灯光下猎食，食物包括蚯蚓、软体动物、甲壳类、多足类以及各种昆虫等。繁殖季节在2—4月，卵产于静水塘内，卵群呈圆管状胶质卵带，长达数米，卵粒单行或双行交错排列在卵带内。

【地理分布】雷公山见于永乐、桥歪、新寨。贵州省内见于雷山、江口、兴义、贵定、罗甸、望谟、荔波、石阡、德江、三都。国内见于贵州、宁夏、四川、云南、浙江、江西、湖南、福建、广东、广西、台湾、香港、澳门、海南。

蟾蜍科
Bufonidae

蟾蜍属
Bufo Garsault, 1764

华西蟾蜍（雄，手背面）

华西蟾蜍（雄，足腹面）　华西蟾蜍（雄，手腹面）

华西蟾蜍（雄，背面）

6

华西蟾蜍
Bufo andrewsi (Schmidt, 1925)

【保护级别】《中国生物多样性红色名录》未评估（NE）物种，"三有"保护动物，IUCN红色名录未评估（NE）物种。

【鉴别特征】吻端圆而高，吻棱明显；头部无骨质棱脊；瞳孔呈横椭圆形；鼓膜椭圆形不明显；耳后腺大，呈长椭圆形，两腺之间有排列成"∧"形的大疣；体侧与腹部满布小疣粒，常具土红色斑纹，跗褶显著；体背瘰粒比中华蟾蜍少且稀疏；后肢粗短，无股后腺，胫跗关节贴体前伸达肩部，左右跟部不相遇。

【形态描述】雄蟾体长63～90mm，雌蟾体长85～116mm。头长小于头宽；吻端圆而高，突出于下颌；

华西蟾蜍（雄，腹面）

吻棱明显；鼻孔略近吻端；鼓膜显著，呈椭圆形，个别者鼓膜不显著；舌长椭圆形，后端无缺刻；趾略扁，趾端较圆，趾侧缘膜显著，第4趾具半蹼；后肢粗短，前伸贴体时，胫跗关节前达肩部，左右跟部不相遇；体背皮肤粗糙，头顶具小疣，体背面及后肢背面有较稀疏的大小瘰粒，有刺或无刺；耳后腺大，呈长椭圆形，一般两者平行排列，耳后腺之间有少数瘰粒；胫部大瘰粒显著；体侧及整个腹面满布小刺疣；一般跗褶显著。雄蟾背部黑褐色、橄榄绿色或泥绿色，有不显著的黑斑点，从眼至胯部有不规则的黑色线纹，其下方色略浅，上有黑色及土红色斑点；雌蟾一般色较浅，背面黑斑及土红色斑较显著。腹面浅褐色，散有不规则的黑色斑点，腹后至胯基部多有一深色大斑；指、趾端棕色。

【生态习性】该蟾生活于海拔750～3500m的多种生态环境中。成蟾常栖息于草丛间或石下，夏秋黄昏后常在路边或杂草间觅食。繁殖季节在3—6月，卵产于山溪的缓流处、大河边的洄水凼或山区静水塘内。

【地理分布】雷公山见于响水岩、仙女塘、雀鸟、格头、七里冲、陡寨、欧防、冷竹山。贵州省内见于雷山、江口、威宁、兴义、荔波、丹寨、瓮安、黄平、从江。国内见于贵州、西藏、甘肃、陕西、四川、重庆、云南、湖北、广东、广西。

蟾蜍科
Bufonidae

蟾蜍属
Bufo Garsault, 1764

中华蟾蜍（雄，腹面）

7

中华蟾蜍
Bufo gargarizans (Cantor, 1842)

【保护级别】《中国生物多样性红色名录》无危（LC）物种，"三有"保护动物，IUCN红色名录无危（LC）物种。

【鉴别特征】体形肥大；成蟾背面瘰粒多而密；一般无跗褶；腹面深色斑纹明显，腹后至胯基部有一个深色大斑块。

【形态描述】雄蟾体长67～127mm，雌蟾体长85～110mm。头长显著小于头宽；吻圆而高、吻棱明显，鼻孔近吻端；鼓膜明显；无犁骨齿；舌长椭圆形，后端无缺刻。雄蟾无声囊。指端较圆，指侧具缘膜，指间无蹼；趾端钝尖，趾侧缘膜显著，第4趾具半蹼；

中华蟾蜍（雄，背面）

中华蟾蜍（雄，足腹面）

中华蟾蜍（雄，手背面）

中华蟾蜍（雄，手腹面）

后肢粗短，前伸贴体时，胫跗关节达肩后，左右跟部不相遇。体背皮肤极粗糙，满布大小瘰粒，仅头顶平滑，上眼睑及头侧具小疣；耳后腺大，呈长椭圆形；耳后腺间瘰粒及疣粒一般排成"八"形；体侧瘰粒较小，胫部具大瘰粒；腹面满布大小一致的疣粒。雄蟾体背黑绿色、灰绿色或黑褐色，部分体侧有浅色花斑、背中线具棕黄色线纹，始于鼻孔间延伸至肛部；雌蟾体背色浅，瘰粒部位深乳黄色，体侧有黑色与浅棕色相间的花斑，有的具一黑色线纹，从眼后沿耳后腺下方斜伸至胯部。腹面常具乳黄色与黑色或棕色相间的显著花斑，腹后至胯基部多有一深色大斑；指、趾末端棕色。

【生态习性】生活于海拔200～1200m的各种环境；春末至秋末日间常匿居于住宅附近及耕地边石下、草丛中或土洞内，黄昏时常爬到路旁或田野中觅食，清晨及暴雨后也常外出活动。其食性较广，以蚁类及其他昆虫、蜗牛、蚯蚓等小动物为主。繁殖季节在2—3月，卵产在静水塘浅水区，卵群呈双行或4行交错排列于管状卵带内，卵带缠绕在水草上。

【地理分布】雷公山见于乌东、仙女塘、格头、三湾。贵州全省范围内均有分布。国内除宁夏、青海、西藏、台湾、海南外的各省份均可见。

角蟾科
Megophryidae

掌突蟾属
Leptobrachella Smith, 1925

武陵掌突蟾（雄，腹面）

武陵掌突蟾（雄，手腹面）　武陵掌突蟾（雄，足腹面）

武陵掌突蟾（雄，背面）

8
武陵掌突蟾
Leptobrachella wulingensis (Qian, Xia, Cao, Xiao et Yang, 2020)

【保护级别】《中国生物多样性红色名录》未评估（NE）物种，"三有"保护动物，IUCN红色名录未评估（NE）物种。

【鉴别特征】体形中等；无犁骨齿；后肢较长，前伸贴体时，胫跗关节达眼，左右跟部相遇；内掌突大，椭圆形；外掌突略小，与内掌突相连；内跖突大，椭圆形，无外跖突；趾间微蹼，趾侧缘膜窄；指式为Ⅰ＜Ⅱ＝Ⅳ＜Ⅲ；趾式为Ⅰ＜Ⅱ＜Ⅴ＜Ⅲ＜Ⅳ，第5趾长小于第3趾长；胸部和腹部无明显规则的深色斑块；腋上腺和股腺小；胸腺不明显。

【**形态描述**】体形中等，雄蟾体长24.5～32.8mm，雌蟾体长29.9～38.5mm。头长大于或几乎相等于头宽；吻端突出，略凸出于下唇；吻棱明显；鼓膜明显，圆形，直径约为眼径的1/2，大于鼓膜与眼间距；无犁骨齿；舌后端有缺刻。雄蟾具单咽下外声囊，声囊裂状开口。内掌突大，椭圆形；外掌突略小，与内掌突相连；指间无蹼，指侧无缘膜，指端圆且微膨大；趾间具微蹼，趾侧具窄缘膜，趾端圆且略膨大；后肢较长，前伸贴体时，胫跗关节达眼中部，左右跟部相遇。体背部棕色或红棕色；皮肤粗糙，有稀疏的大疣粒；吻背部有不明显的"Y"形斑纹，斑纹从鼻孔延伸出，连接至两眼间的倒三角形斑纹；后接背前中部的"W"形斑纹；体侧面有小或中等的黑色斑点，并间有2行大疣粒；腋上腺橙色，胸腺不明显；股腺小，白色；前肢上半部分橙色，下半部分有黑色横纹；后肢有黑色横纹，大腿背部皮肤粗糙，有隆起的皮肤褶；指和趾有横纹；体腹面白色，胸部和腹部前方有疣粒状的白色斑点；腹部两侧和胸部有不清晰的棕色斑纹；腹部有大理石状斑纹；下颌和喉部灰粉色，下唇边缘散布棕色小斑点。

【**生态习性**】栖息在亚热带森林岩石溪流附近地面、石块或灌丛上。繁

【**地理分布**】雷公山见于雷公坪、怎古、仙女塘。贵州省内见于雷山、江口、石阡。国内见于贵州、湖南。

殖季节可能在3—4月。

【**讨论**】该物种原被记录为峨山掌突蟾（*Leptobrachella oshanensis*）。本书通过对其进行分子生物学鉴定和形态学比较，发现雷公山原记录为峨山掌突蟾的物种实际上与武陵掌突蟾的模式产地种群聚为一支。两者遗传距离为1.6%（基于*16S rRNA*基因序列）。虽然两个种群间存在一定的遗传分化，但二者间的遗传距离远小于该属内其他物种间的遗传距离。因此，结合形态学比较和分子生物学鉴定结果，本书认为雷公山原记录为峨山掌突蟾的物种应为武陵掌突蟾。

角蟾科
Megophryidae

掌突蟾属
Leptobrachella Smith, 1925

侗掌突蟾（雄，腹面）

9

侗掌突蟾

Leptobrachella dong (Liu, Shi, Li, Zhang, Xiang, Wei et Wang, 2023)

【保护级别】《中国生物多样性红色名录》未评估（NE）物种，"三有"保护动物，IUCN红色名录未评估（NE）物种。

【鉴别特征】体形中等；体侧有明显黑色斑点；趾间具蹼迹，趾侧缘膜宽；腹部白色，腹外侧有明显的棕色斑点；背部皮肤有细小疣粒或短脊；瞳孔纵置，虹膜上部铜色，下部银色；左右跟部重叠；后肢贴体时，前伸达眼中部。

【形态描述】体形中等，雄蟾体长29.2～34.2mm，

侗掌突蟾（雄，手腹面）　　　侗掌突蟾（雄，足腹面）

侗掌突蟾（雄，背面）

雌蟾体长34.4～43.1mm。头长和头宽几乎相等；吻端圆形，吻棱不明显；鼻孔近吻端；鼓膜明显，圆形，鼓膜上缘略微被颞褶掩盖；无犁骨齿；舌呈圆形，后端略微有缺刻。雄蟾具双咽下内声囊。内掌突大，近圆形，与外掌突完全分离；内跖突明显，椭圆形，外跖突缺失。指间无蹼，指侧缘膜窄；趾间具蹼迹，趾侧缘膜宽；指端、趾端略微膨大，圆形；后肢细长，前伸贴体时，胫跗关节达眼中部，左右跟部重叠。

体背部皮肤相对光滑，有小痣粒和短皱；腋上腺明显，呈淡黄色；胸腺小而不显著；大腿腹面近膝处有一卵圆形股腺；腹侧皮肤光滑；腹外侧腺在两侧形成明显的白线。头部和躯干的背面呈黄褐色，眼睑之间有明显的三角形黑色斑纹，连接腋窝之间的深色"W"形标记，边缘呈灰白色；肘部到上臂背部有明显的黄橙色；大腿背侧有4条横向黑色条纹，下臂背侧有3条；鼻孔和眼睛之间有1个黑色斑点，眼睛下有1个黑色斑点；鼓膜上脊呈红色，鼓膜上脊下有1个大的黑色标记；从腹股沟到腋窝的侧翼有明显的深色斑点，纵向成2排；腹部表面浅色；喉咙粉红色，边缘有奶白色斑点；胸部和腹部乳白色，侧腹部有浓密的棕色斑点；后肢腹面粉红色，有稀疏的白色腺体；上虹膜铜色，下虹膜银色。

【生态习性】生活在海拔600～1600m山区常绿灌木覆盖的岩石溪流旁的石头上、灌草丛里或岩缝。繁殖季节在3—5月。

【讨论】该物种原被记录为螯掌突蟾（*Leptobrachella pelodytoides*）。本书通过对其进行分子生物学鉴定和形态学比较，发现雷公山原记录为螯掌突蟾的物种实际上与侗掌突蟾的模式产地种群聚为一支。两者遗传距离为0.3%（基于*16S rRNA*基因序列）。虽然两个种群间存在一定的遗传分化，但二者间的遗传距离远小于该属内其他物种间的遗传距离。因此，结合形态学比较和分子生物学鉴定结果，本书确认雷公山原记录为螯掌突蟾的物种应为侗掌突蟾。

【地理分布】雷公山见于仙女塘、格头、七里冲、新寨、欧防、乔洛、三湾。贵州省内见于雷山、从江。国内见于贵州、湖南。

角蟾科
Megophryidae

掌突蟾属
Leptobrachella Smith, 1925

岜沙掌突蟾（雄，腹面）

岜沙掌突蟾（雄，手腹面）   岜沙掌突蟾（雄，足腹面）

10

岜沙掌突蟾

Leptobrachella bashaensis (Lyu, Dai, Wei, He, Yuan, Shi, Zhou, Ran, Kuang, Guo, Wei et Yuan, 2020)

【保护级别】《中国生物多样性红色名录》未评估（NE）物种，"三有"保护动物，IUCN红色名录未评估（NE）物种。

【鉴别特征】体形小；后肢长，前伸贴体时，胫跗关节远超眼，达吻部；趾微蹼，趾侧缘膜显著但较窄；指式为Ⅱ＜Ⅰ＜Ⅳ＜Ⅲ；趾式为Ⅰ＜Ⅱ＜Ⅴ＜Ⅲ＜Ⅳ；胸部乳白色；腹部灰白色，具有不规则的黑色斑点；四肢腹面皮肤灰粉色至深褐紫色，有许多白色斑点；腹侧腺体形成1条明显的白线；趾下纵向的棱没有在关节处中断。

岜沙掌突蟾（雄，背面）

【形态描述】体形小，雄蟾体长22.9～25.6mm，雌蟾体长约27mm。头长大于头宽，背视呈矩形；自眼至腋部具突起的疣粒；吻端圆形，略突出于下颌；吻棱明显；鼻孔卵圆形，近吻端；鼓膜明显，圆形，具明显鼓上棱；无犁骨齿；舌长，中等宽，后端具浅缺刻。雄蟾具声囊开口呈缝状，位于口底后侧。指间无蹼，指侧无缘膜，指端圆形，略微膨大；趾间蹼迹，仅第2趾，第3趾具窄侧缘膜，趾端圆形，增厚；后肢长度适中，前伸贴体时，胫跗关节远超眼前缘达吻部，但不超过吻端。

　　体背部皮肤略粗糙，具小疣粒及不规则的突起；腹部皮肤光滑；前肢基部的腋部腹侧具卵形的上腋腺，大腿腹面近膝处有一卵圆形股腺，腹侧腺在体侧形成1道明显的线。头部及身体背部呈棕色，并伴有细小的深棕色的不规则条纹；眼间具深棕色反三角形斑，并与腋间"W"形斑相连；具鼓上棱；肘部至上臂呈红色；上眼睑、头、身体及四肢背面散布有细小的红色疣粒；喉部及腹部灰白色，伴有模糊的斑点；胸部乳白色，伴有不规则的黑色斑点；口及四肢腹面，覆盖有不规则白色斑点；大腿腹面灰褐色，伴有白色斑点；上腋腺，腹侧腺及股腺为白色；虹膜上半部分为亮橙色，下半部分为银色，并布满黑色网状线；指趾背面、前臂、跗部、大腿及胫部具细小的模糊深棕色横条。

【生态习性】生活于海拔约900m小溪的大石块上、裂缝中、朽木下。溪边可见鸣叫的雄蟾躲藏于大的岩石、岩缝或枯木下方，6月可以听到类似虫鸣的叫声。繁殖季节可能在6—7月。

【讨论】该物种原被记录为福建掌突蟾（*Leptobrachella liui*）。本书通过对其进行分子生物学鉴定和形态学比较，发现雷公山原记录为福建掌突蟾的物种与岜沙掌突蟾的模式产地种群聚为一支。两者遗传距离为0.3%（基于*16S rRNA*基因序列）。虽然两个种群间存在一定的遗传分化，但两者间的遗传距离远小于该属内其他物种间的遗传距离。因此，结合形态学比较和分子生物学鉴定结果，本书确认雷公山原记录为福建掌突蟾的物种应为岜沙掌突蟾。

【地理分布】雷公山见于仙女塘、大塘湾。贵州特有种，见于雷山、从江、丹寨。

角蟾科
Megophryidae

拟髭蟾属
Leptobrachium Tschudi, 1838

11

雷山髭蟾

Leptobrachium leishanense(Liu et Hu, 1973)

【保护级别】国家二级保护野生动物，《中国生物多样性红色名录》易危（VU）物种，IUCN红色名录濒危（EN）物种。

【鉴别特征】体背皮肤较光滑，松弛，有皱纹，有痣粒组成的网状肤棱，一般为蓝棕色或紫褐色，散有不规则黑斑；虹膜上半浅绿色，下半深棕色；成体雄蟾上唇缘每侧有2枚角质刺；无声囊。

【形态描述】体形粗壮，雄蟾体长69～96mm，雌蟾体长70mm左右。头扁平，头宽大于头长；吻端宽

雷山髭蟾（雄，腹面）

雷山髭蟾（雄，手腹面）　雷山髭蟾（雄，足腹面）　雷山髭蟾（卵）

雷山髭蟾（雄，正面）

圆，吻棱明显；鼻孔在吻眼之间；鼓膜略显；无犁骨齿；舌宽大，后端缺刻深。雄蟾无声囊。指间无蹼；第4趾具微蹼，趾下具肤棱；指、趾端圆；雄蟾前臂粗壮；上唇缘眼下后方每侧有2枚粗黑锥状角质刺；后肢粗短，前伸贴体时，胫跗关节达肩部。

体背皮肤较光滑，松弛，有皱纹，背部有痣粒组成的网状肤棱；四肢背面肤棱更明显，体侧疣多而显著；腹面满布白色痣粒；腋腺紫灰色，有股后腺。体背面一般为蓝棕色或紫褐色，散有不规则黑斑；虹膜上半浅绿色，下半深棕色；体腹面散有灰白色小颗粒，胯部有一白色月牙斑。

【生态习性】生活于海拔700～1900m植被繁茂的山溪附近。成体营陆栖生活，一般以四肢进行缓慢爬行，极易被捕捉。非繁殖季节栖于林间潮湿环境内。

繁殖季节前后，其多栖息于山坡、田坎、石下或草堆下，有时钻入玉米地内，因此当地群众称其为"干气蟆"，偶尔在夏季大雨前后出来活动。11月进入繁殖季节，卵产在岩石溪流中活动大石块下，卵群呈圆环状附于石块，经常发现雄蟾在卵群附近。蝌蚪生活在山溪中的洄水凼内的石块间，数量较多，整年均可见到不同发育阶段的蝌蚪。小蝌蚪一般多在山溪的洄水坑边缘，大蝌蚪则生活在较大山溪的深水坑内，白昼常隐于水底石缝内，不易被发现，晚上则在水中游动，经2～3年才能变成幼蛙。

【地理分布】雷公山见于格头、毛坪、交密、仙女塘、小丹江、白道、雷公坪、响水岩、冷竹山。贵州省内见于雷山。国内见于贵州、广西、湖南。

角蟾科
Megophryidae

短腿蟾属
Brachytarsophrys Tian et Hu, 1983

珀普短腿蟾（雄，腹面）

12

珀普短腿蟾

Brachytarsophrys popei (Zhao, Yang, Chen, Chen et Wang, 2014)

【保护级别】《中国生物多样性红色名录》未评估（NE）物种，"三有"保护动物，IUCN红色名录近危（NT）物种。

【鉴别特征】体形较小，头甚宽扁，头宽约为体长的1/2；吻棱不明显，鼓膜隐蔽；犁骨棱突出，细长，两个犁骨棱间距宽；舌呈梨状，后端缺刻深；左右跟部不相遇；前伸贴体时，胫跗关节达口角；趾侧均有显著的厚缘膜，雌性的略宽于雄性；上眼睑外侧有若干大小不等的疣粒，其中一个较大，突出呈似角的淡黄色锥状长疣；雄蟾第1、第2指背面密布有小的黑褐色

珀普短腿蟾（雄，背面）

珀普短腿蟾（雄，手背面）

珀普短腿蟾（雄，手腹面）

珀普短腿蟾（雄，足腹面）

婚刺；雄性有单咽下内声囊。

【形态描述】体形较小，雄性体长70.7～83.5mm，雌性体长86.2mm左右。头甚宽扁，头宽约为头长的1.2倍；吻端圆，略突出于下唇；吻棱不明显；鼻孔近眼端；上眼睑外侧有若干大小不等的疣粒，其中一个较大，突出呈似角的淡黄色锥状长疣；鼓膜隐藏；犁骨棱突出，细长，两个犁骨棱间距宽，其间距是内鼻孔间距的近1.5倍；舌呈梨状，后端缺刻深。雄蟾有单咽下内声囊。后肢较粗短，前伸贴体时，胫跗关节达口角，左右跟部不相遇。指间无蹼，指侧无缘膜；趾间有发达的蹼，雄性趾间有1/3到2/3蹼，雌性趾间最多有1/3蹼；趾侧均有显著的厚缘膜，雌性的趾侧缘膜略宽于雄性；指端圆，轻微膨大，无侧纹。

体背面褐色，其上镶嵌有淡黑色的斑纹；两眼间有深褐色条纹，边缘淡黄色；肩部上方有深褐色倒"V"形斑，但不明显，"V"形标记的顶端延伸到头后方；身体背部有黑色疣粒，身体两侧浅褐色；上唇浅褐色；鼓膜褐色，伴有深褐色；前臂有宽的深褐色斜条带；四肢背面有深褐色横纹；腹面深褐色，有白色的小疣粒；胸腺淡黄色；股后腺白色；腹部两侧有多个黄色斑点，指和趾的底面浅蓝灰色；婚刺黑褐色；上眼睑疣粒淡黄色，呈锥状；瞳孔黑色；虹膜褐色。

【生态习性】生活于海拔800～1600m植被较为繁茂的山溪及其附近。繁殖季节在7—9月。

【讨论】该物种原被记录为宽头短腿蟾（*Brachytarsophrys carinense*）。本书通过对其进行分子生物学鉴定和形

态学比较，发现雷公山原记录为宽头短腿蟾的物种与珀普短腿蟾的模式产地种群聚为一支。两者遗传距离为4.5%（基于*COI*基因序列）。虽然两个种群间存在一定的遗传分化，但二者间的遗传距离远小于该属内其他物种间的遗传距离。因此，结合形态学比较和分子生物学鉴定结果，本书认为雷公山原记录为宽头短腿蟾的物种应为珀普短腿蟾。

【地理分布】雷公山见于蒿菜冲、仙女塘。贵州省内见于雷山、江口、三都、从江、独山。国内见于贵州、广东、湖南、江西。

角蟾科
Megophryidae

布角蟾属
Boulenophrys Fei, Ye et Jiang, 2016

雷山角蟾（雄，腹面）

13
雷山角蟾

Boulenophrys leishanensis (Li, Xu, Liu, Jiang, Wei et Wang, 2018)

【保护级别】《中国生物多样性红色名录》无危（LC）物种，"三有"保护动物，IUCN红色名录未评估（NE）物种。

【鉴别特征】体形小；无犁骨齿；舌后端无缺刻；上眼睑具1个细小角状小疣；鼓膜明显，圆形；掌突2个；指式为Ⅱ＜Ⅰ＜Ⅳ＜Ⅲ；趾侧无缘膜；趾间具蹼迹；后肢前伸贴体时，胫跗关节达眼中部，左右跟部重叠；雄蟾有单咽下内声囊；在繁殖季节，雄蟾第1、第2指有黑色婚刺。

【形态描述】体形较小，雄蟾体长30.4～38.7mm，

雷山角蟾（雄，背面）

雷山角蟾（雄，手背面）

雷山角蟾（雄，手腹面）

雷山角蟾（雄，足腹面）

雌蟾体长42.3mm左右。头宽略大于头长；吻钝尖，突出于下唇；吻棱明显；鼓膜明显，呈圆形；无犁骨齿；舌后端无缺刻。雄蟾具单咽下内声囊。后肢左右跟部重叠；指间无蹼；趾间有蹼迹；指端圆，略膨大。

体背皮肤粗糙，背部及体侧有分散细小圆疣；体背有清晰"X"形细肤棱，股、胫部痣粒排列成行形成横细肤棱；上眼睑外缘角状突起明显；颞褶明显；腹部皮肤光滑；胸腺小、圆形，靠近两侧腋下；股后腺1对。体背一般为橄榄色，上有褐色斑纹；两眼之间有一褐色横斑；沿"X"形细肤棱两侧有不完整的肤棱；股、胫背面有3条横纹；上、下唇缘有数条深色纵纹；颞褶白色；腹股沟处皮肤红色；腹外侧黑色条纹清晰，腹后部皮肤浅灰色；喉、胸部皮肤为深红色，上有深色不规则斑点，四肢腹面浅灰色，上有白色细小斑点；胸腺、股腺白色。

【生态习性】栖息于海拔1000～1900m的岩石溪流及其附近竹林内的枯枝落叶层或附近的矮树丛。

【地理分布】雷公山见于仙女塘、松米坡、欧防、格头。贵州特有种，见于雷山、丹寨。

角蟾科
Megophryidae

布角蟾属
Boulenophrys Fei, Ye et Jiang, 2016

棘指角蟾（雄，腹面）

棘指角蟾（雄，手背面）　棘指角蟾（雄，手腹面）　棘指角蟾（雄，足腹面）

14

棘指角蟾
Boulenophrys spinata (Liu et Hu, 1973)

【保护级别】《中国生物多样性红色名录》无危（LC）物种，"三有"保护动物，IUCN红色名录无危（LC）物种。

【鉴别特征】体形较肥硕；上眼睑无角状小疣；无犁骨齿；舌后端有缺刻；后肢贴体前伸时，胫跗关节达眼前角，左右跟部重叠；趾侧缘膜宽而明显，趾间具半蹼；胸腹部有10多枚深色斑；在繁殖季节，雄蟾第1、第2指婚刺粗大而稀疏。

【形态描述】体较肥硕，雄蟾体长约50mm，雌蟾体长约55mm。头扁平，雄蟾头长略小于头宽；吻端平

棘指角蟾（雄，背面）

切呈盾状，超出下唇缘；吻棱明显；鼻孔在吻棱下方，位于吻与眼之间；鼓膜明显且大，卵圆形；犁骨棱细弱，在内鼻孔内侧呈"\/"形，末端不膨大，亦无细齿；舌梨形，后端微有缺刻。雄蟾有单咽下内声囊，声囊孔圆形。指间无蹼，趾基部相连成半蹼；指侧无缘膜；趾侧缘膜宽而显著；指端钝圆，趾扁平，趾端钝圆；后肢细长，前伸贴体时，胫跗关节达眼前角，左右跟部重叠。

体背及头侧满布细小痣粒，头侧痣粒上有小黑刺，上唇缘更明显；背面起自上眼睑有细的"V"形肤棱，体侧背方有纵肤棱，肤棱上均有小黑刺；体侧及股后均有疣粒。胸侧有小白腺；有股后腺；腹面皮肤光滑。背面颜色多为深棕色、棕黄色或橄榄绿色，有深棕黑色斑纹；自眼间开始有倒置的褐色三角形斑，镶以浅色边；头后有一个"V"形斑；上、下唇缘及上眼睑的帘状肤褶上有几条深色纵纹；股、胫背面隐约可见各有3条横纹，两侧的黑斑则较醒目。咽喉部两侧及正中共有3条镶浅色边的深色纵纹，少数个体正中的纵纹不清晰。

【生态习性】生活于海拔700～1000m的常绿阔叶林带内的山溪及其附近。繁殖季节一般在6—7月。

【地理分布】雷公山见于仙女塘、格头、松米坡、欧防。贵州省内见于雷山。国内见于贵州、湖南、四川、广西、云南。

雨蛙科
Hylidae

雨蛙属
Hyla Laurenti, 1768

华西雨蛙（雄，腹面）

15

华西雨蛙
Hyla annectan (Jerdon, 1870)

【保护级别】《中国生物多样性红色名录》无危（LC）物种，"三有"保护动物，IUCN红色名录无危（LC）物种。

【鉴别特征】成体上眼睑外侧和颞部疣粒多；吻端一般不呈"Y"形斑，也不镶细线纹；体侧和股前后有黑斑或无。

【形态描述】雄性体长28～39mm，雌性体长32～45mm。头宽大于头长；吻宽圆而高，吻端平直向下；吻棱明显；鼻孔近吻端。眼间距大于鼻间距或上眼睑之宽；吻长与眼径相近。瞳孔横椭圆形；鼓

华西雨蛙（雄，正面）

膜圆；颞褶细或粗厚；上颌有齿；舌圆厚，后端微有缺刻；犁骨齿呈两小团。雄性有单咽下外声囊，该部皮肤松弛而光滑，灰黑色，声囊孔长裂形。指扁，第1指短小；指关节下瘤明显；内掌突长，外掌突小而圆；第1指具棕色婚垫。有雄性线。后肢长，前伸贴体时，胫跗关节达眼部或鼓膜；左右跟部相遇；足与胫几乎等长。指、趾端均有吸盘，具边缘沟；指、趾有缘膜；指式为Ⅲ＞Ⅳ≈Ⅱ＞Ⅰ；趾式为Ⅳ＞Ⅴ＝Ⅲ＞Ⅱ＞Ⅰ；第1、第2、第3趾间约1/3蹼；第3、第4、第5趾间约半蹼，趾侧均以缘膜达趾吸盘；趾关节下瘤小；跖部小疣成行，内跖突卵圆形；有的跖较发达，无外跖突或小而圆。背面皮肤光滑；上眼睑外侧和颞褶至肩部疣粒多，臀部具疣粒；内跗褶棱起，体、四肢和股腹面具颗粒疣。

【生态习性】生活于海拔200～1300m的山区稻田或山间凹地静水塘及其附近。繁殖季节在5—6月。

【地理分布】广泛分布于雷公山保护区内。贵州省内广泛分布。国内见于贵州、四川、云南、广西等省份。

雨蛙科
Hylidae

雨蛙属
Hyla Laurenti, 1768

三港雨蛙（雄，腹面）

16

三港雨蛙
Hyla sanchiangensis (Pope, 1929)

【保护级别】《中国生物多样性红色名录》无危（LC）物种，"三有"保护动物，IUCN红色名录无危（LC）物种。

【鉴别特征】颞褶较细，褶上一般无疣；眼前下方至口角有一块明显的灰白斑，眼后鼓膜上、下方两条深棕色线纹在肩部不相汇合；体侧后段、股前后、胫腹面有黑棕色斑点。

【形态描述】雄蛙体长31～35mm，雌蛙体长33～38mm。头宽略大于头长；吻短圆而高，吻端平直向下，吻棱明显；颊部平直向下；鼓膜圆；颞褶细，其

三港雨蛙（雄，背面）

三港雨蛙（雄，手背面）

三港雨蛙（雄，手腹面）

三港雨蛙（雄，足腹面）

上无疣；上颌有齿；犁骨齿两小团。具单咽下外声囊。第1指短小；第4指关节下瘤成对或不显著；内、外掌突小疣多。雄性第1指有深棕色婚垫。有雄性线。后肢长，前伸贴体时，胫跗关节达眼；左右跟部相重叠；足比胫短；指、趾端有吸盘和边缘沟；指式为Ⅲ＞Ⅱ≈Ⅳ＞Ⅰ；趾式为Ⅳ＞Ⅴ≈Ⅲ＞Ⅱ；指基部具微蹼，外侧2指间蹼较发达；趾间几乎为全蹼；趾关节下瘤小而清晰；跖部有成行的小疣；内跖突卵圆形，无外跖突。背面皮肤光滑，胸、腹及股腹面密布颗粒疣，咽喉部较少；背面黄绿色或绿色，眼前下方至口角有一明显的灰白色斑，眼后鼓膜上、下方有2条深棕色线纹在肩部不相会合；体侧前段棕色，体侧后段和股前后及体腹面浅黄色；体侧后段及四肢有黑色圆斑，体侧前段无黑斑点；手和跗足部棕色。

【**生态习性**】生活于海拔180～1200m山区稻田及其附近。繁殖季节在3—5月。

【**地理分布**】雷公山见于陡寨、巫芩沟、格头、雀鸟、毛坪、杨家桥等地。贵州省内见于雷山、榕江、荔波、三都。国内见于贵州、广西、安徽、浙江、江西、湖北、湖南、福建、广东等省份。

雨蛙科
Hylidae

雨蛙属
Hyla Laurenti, 1768

17

无斑雨蛙
Hyla immaculata (Boettger, 1888)

【保护级别】《中国生物多样性红色名录》无危（LC）物种，"三有"保护动物，IUCN红色名录无危（LC）物种。

【鉴别特征】颞褶细，其上无疣粒；背部纯绿；鼻孔至眼之间无深色线纹；体侧和胫前后无黑色斑点；肛上方有1条细白横纹；足略长于胫；趾1/3蹼。

【形态描述】雄蛙体长约31mm，雌蛙体长36～41mm。头宽略大于头长；吻圆而高，吻端平直向下，吻棱明显；鼻孔近吻端；颊部略向外侧倾斜；鼻

无斑雨蛙（雄，正面）

间距小于眼间距，略等于眼睑宽；瞳孔横椭圆形；鼓膜圆；颞褶明显；上颌有齿；舌较圆厚，后端微有缺刻；犁骨齿两小团。声囊为单咽下外声囊。第1指短小；指关节下瘤显著；内、外掌突掌部小疣多；第1指具乳白色婚垫。有雄性线。后肢短，胫跗关节前伸达鼓膜后缘；左右跟部相遇或不遇；足略长于胫或相等；指、趾端具吸盘，吸盘有边缘沟；指式为Ⅲ＞Ⅱ≈Ⅳ＞Ⅰ；趾式为Ⅳ＞Ⅴ≈Ⅲ＞Ⅱ。指间基部有不显著的蹼迹；趾间约具1/3蹼；趾关节下瘤小；内跖突较窄长，无外跖突。体和四肢背面光滑，胸、腹、股部遍布颗粒状疣；体背面纯绿色，体侧与股前后方浅黄色或黄色，均无黑斑点；体侧、前臂后缘、胫与足外侧及肛上方有1条白色细线纹；鼻眼间无黑棕色细纹；体和四肢腹面白色或乳黄色。

【生态习性】成蛙常在雨后或夜间活动，多栖息于池塘边、稻丛中或草丛中鸣叫，声量大而高，常集群在一片农作物地内，群蛙共鸣。成蛙善于攀爬高秆农作物，捕食多种昆虫如蚁类等小动物。雄蛙产卵分小群黏附于稻田或水坑内的草茎上，每次共产卵220粒左右。蝌蚪在静水域内生活，以浮游生物、藻类、腐物为食。繁殖季节在5—6月。

【地理分布】雷公山见于方祥。贵州省内见于松桃、绥阳、仁怀、贵定、雷山、印江、正安、习水、石阡、思南。国内见于贵州、山东、河北、天津、河南、广东、陕西、重庆、湖北、安徽、江苏、上海、浙江、江西、湖南、福建。

蛙科
Ranidae

湍蛙属
Amolops Cope, 1865

崇安湍蛙（雄，腹面）

崇安湍蛙（雄，手腹面）崇安湍蛙（雄，手正面）崇安湍蛙（雄，足腹面）

18

崇安湍蛙
Amolops chunganensis (Pope, 1929)

【保护级别】《中国生物多样性红色名录》无危（LC）物种，"三有"保护动物，IUCN红色名录无危（LC）物种。

【鉴别特征】体形小；吻较长，约为体长的15%；第3指吸盘小于鼓膜；颞褶不明显；背侧褶较窄。

【形态描述】雄蛙体长34～39mm，雌蛙体长44～54mm。头部扁平，头长略大于头宽；吻端钝圆，突出于下唇，吻长略短于眼径，吻棱明显；鼻孔位于吻眼之间，眼间距小于鼻间距，眼间距与上眼睑几乎等宽；颊部略向外侧倾斜；鼓膜明显，长为眼径的

崇安湍蛙（雄，正面）

1/3~1/2；颞褶不明显；舌呈卵圆形，后端缺刻深；犁骨齿2短行，在内鼻孔之间向后方中线倾斜；背侧褶平直。前臂及手长为体长之半；指细长；指关节下瘤明显，有指基下瘤。雄蛙体小，前臂较粗，第1指基部婚垫大，上面具细颗粒；有1对咽侧下外声囊，声囊孔大。有雄性线。后肢细长，前伸贴体时，胫跗关节达吻端或吻眼之间；左、右跟部重叠较多；足比胫短；各指均有吸盘及边缘沟，第1指吸盘小于其他各指吸盘，第3指吸盘小于鼓膜；趾扁平，趾端均有吸盘及边缘沟，趾吸盘小于指吸盘；第1、第5趾游离侧缘膜明显，外侧跖间蹼几乎达跖基部；指式为Ⅲ＞Ⅳ＞Ⅱ≈Ⅰ；除第4趾蹼达第3关节下瘤外，其余各趾蹼均达趾端；趾关节下瘤明显；内跖突呈椭圆形，外跖突无或小而不显。生活时皮肤较光滑；液浸标本背面满布较小的痣粒，体侧痣粒较少；颞褶不明显，背侧褶平直；腹面光滑。生活时，背部橄榄绿色、灰棕色或棕红色，有不规则深色小斑点；体侧绿色，下方乳黄色具棕色云状斑；自吻端沿吻棱下方达鼓膜处为深棕色；沿上唇缘达肩部有1条乳黄色线纹；下唇缘色浅；四肢背面棕褐色，有规则的深色横纹；腹面浅黄色，多数标本咽喉部及胸部有深色云状斑；液浸标本灰褐色，背侧褶外侧色深，色斑不甚清晰。

【生态习性】生活于海拔700~1300m林木繁茂的溪流及其附近。繁殖季节为5—8月。

【地理分布】雷公山见于格头、大塘湾、乌东、白岩、响水岩、乔洛。贵州省内见于雷山、江口、道真。国内见于贵州、陕西、甘肃、四川、重庆、广西、云南、浙江、湖南、福建。

蛙科
Ranidae

湍蛙属
Amolops Cope, 1865

中华湍蛙（雄，腹面）

中华湍蛙（雄，手腹面）　　中华湍蛙（雄，足腹面）

19

中华湍蛙

Amolops sinensis (Lyu, Wang et Wang, 2019)

【保护级别】《中国生物多样性红色名录》无危（LC）物种，"三有"保护动物，IUCN红色名录无危（LC）物种。

【鉴别特征】体形肥硕；犁骨齿发达；舌呈心形，先端缺刻深；第3指和第4指的指基下瘤不明显；跟部重叠；外跖突和跗腺缺失；声囊缺失；繁殖期雄性第1指婚垫发达，其上具米黄色婚刺；繁殖期雄性颞部（个别个体包括鼓膜）和颊部具白色角质刺；背面皮肤非常粗糙，颗粒状，雄性密布刺疣和大瘰粒；背侧褶缺失；肩部具一纵行腺褶；背部皮肤橄榄棕色至深棕色，有些个体具有浅色带状斑纹；腹部表面乳白色或米黄色，具深色斑点。

中华湍蛙（雄，正面）

【形态描述】雄性体长40.2～46.5mm，雌性体长47.7～52.7mm。头顶较平，头宽略小于头长；吻端突出；吻棱明显；鼻孔更靠近吻端；颊部凹陷；眼大且突出；瞳孔水平；鼓膜小；颞褶明显，从眼后端延伸至肩部，颞褶末端具发达腺体；舌呈心形，先端缺刻深；内鼻孔大小适中；犁骨齿发达；无声囊；背侧褶缺失。指关节下瘤明显，呈圆形；第3指和第4指的指基下瘤不明显，第1指和第2指的指基下瘤缺失；内掌突较小；外掌突明显，且略分开。后肢贴体前伸时，胫跗关节达吻端；左右跟部重叠；指端膨大至宽吸盘，具边缘沟；指吸盘宽度顺序为Ⅰ＜Ⅱ＜Ⅲ＝Ⅳ；趾端膨大至宽吸盘，具边缘沟。趾具弱缘膜；第1趾和第5趾缘膜发达；指长顺序为Ⅰ＝Ⅱ＜Ⅳ＜Ⅲ；趾长顺序为Ⅰ＜Ⅱ＜Ⅲ＝Ⅴ＜Ⅳ。指蹼缺乏，趾满蹼；趾关节下瘤明显，呈椭圆形。内跖突明显，呈长卵圆形；外跖突缺失。背面皮肤非常粗糙，颗粒状，密布刺疣和大瘰粒；颊部和鼓膜以外的颞部皮肤具不发达角质刺；体侧非常粗糙，具腺体和大疣粒；四肢背面粗糙，具大量疣粒；大腿、胫部和跗部具纵行皮肤棱；背侧褶缺失；肩部具长形腺褶；上唇后部肿胀；口角腺发达，呈椭圆形，位于口角的后端。腹面皮肤略皱，具些许颗粒；前肢腹面光滑，后肢腹面具些许疣粒；泄殖孔附近具大瘰粒。背面皮肤橄榄棕色，具不规则浅黄色斑块；枕部的纵行腺体浅黄色；体侧瘰粒深色或灰白色；前肢背面具不规则深色斑块，小臂和后肢背面具明显深色横斑；指吸盘背面棕色或白色；婚垫和婚刺米黄色；上唇后部和口角腺浅玉米黄色；喉部和胸部奶白色；腹部米黄色；喉部、胸部和腹部前端具一些深灰色斑点状阴影；四肢腹面灰粉色；手和足深灰色；泄殖孔附近瘰粒黄白色或橄榄棕色。

【生态习性】生活于海拔350～1200m山溪内及其两岸。多在黄昏及夜间活动，白天偶尔出现。繁殖季节为5—6月。

【讨论】该物种原被记录为华南湍蛙（*Amolops ricketti*）。本书通过对其进行分子生物学鉴定和形态学比较，发现雷公山原记录为华南湍蛙的物种与中华湍蛙的模式产地种群聚为一支。两者遗传距离为0.2%（基于*COI*基因序列）。虽然两个种群间存在一定的遗传分化，但二者间的遗传距离远小于该属内其他物种间的遗传距离。因此，结合形态学比较和分子生物学鉴定结果，本书认为雷公山原记录为华南湍蛙的物种应为中华湍蛙。

【地理分布】雷公山分布广泛，见于昂英、七里冲、格头、山湾、翁密、桥水、陡寨、响水岩、仙女塘、松米坡等地。贵州省内见于雷山、江口、黄平、丹寨、赤水、都匀、麻江、从江、遵义。国内见于贵州、广东、广西、湖南。

蛙科
Ranidae

水蛙属
Hylarana Tschudi, 1838

20
沼水蛙
Hylarana guentheri (Boulenger, 1882)

【保护级别】《中国生物多样性红色名录》近危（NT）物种，"三有"保护动物，IUCN红色名录无危（LC）物种。

【鉴别特征】指端钝圆，不膨大，腹侧无沟；趾端钝圆，有腹侧沟；雄蛙前肢基部有肱腺；有1对咽侧下外声囊。蝌蚪体背面、腹面均无腺体。

【形态描述】体形大而狭长，雄蛙体长59～82mm，雌蛙体长75～86mm。头部较扁平，长大于宽；吻长而略尖，末端钝圆；吻棱明显；鼻孔近吻端；颊部略向外倾斜，有深凹陷；鼻间距大于眼间距，上眼睑宽

沼水蛙（雄，腹面）

沼水蛙（雄，手腹面）　沼水蛙（雄，手正面）　沼水蛙（雄，足腹面）

沼水蛙（雄，正面）

几乎与眼间距、鼓膜相等；眼大；鼓膜圆而明显，为眼径的4/5；颞褶不明显；舌大，后端缺刻深；犁骨齿两斜列，起始于内鼻孔内侧前缘。有1对咽侧下外声囊。背侧褶平直而明显，自眼后直达胯部。前臂及手长不到体长的1/2；指趾长；指关节下瘤发达，指基下瘤略小；掌突3个，长椭圆形，相互分离。雄蛙有肱前腺，第1指内侧婚垫不明显；有一对咽侧下外声囊；体背侧雄性线明显。后肢较长，为体长的1.6倍；后肢贴体前伸时，胫跗关节达眼部；左、右跟部相重叠；足与胫等长，约为体长的1/2；指末端钝圆，不膨大，腹侧无沟；趾端钝圆，腹侧有沟；指式为Ⅲ＞Ⅰ＞Ⅳ＞Ⅱ；除第4趾蹼达第3关节下瘤外，其余各趾之蹼均达末端；外侧跖间蹼达跖基部；趾关节下瘤明显；内跖突椭圆，外跖突圆而不显。背部皮肤光滑，体背后部有分散的小瘰粒；口角后至肩部有2个明显的颌腺；体侧皮肤有小瘰粒；肛后和股内侧瘰粒密集；胫部背面有细肤棱；体腹面除雄蛙的咽侧外声囊

处有褶皱外，其余各部光滑；生活时体色变化不大。背面为淡棕色或灰棕色，少数个体的背面有黑斑；沿背侧褶下缘有黑纵纹，体侧有不规则的黑斑，有的连缀成条纹；鼓膜后沿颌腺上方有一斜行的细黑纹；鼓膜周围有一淡黄小圈；颌腺淡黄色；后肢背面有3～4条深色宽横纹，股后有黑白相间的云斑；外声囊灰色；体腹面淡黄色，两侧黄色稍深。

【生态习性】生活于海拔1200m以下的平原、丘陵及山区，多活动于静水塘和稻田内。繁殖季节在6—7月。

【地理分布】雷公山见于陡寨、桥水、大塘湾、杨家桥、小丹江、大榜坡。贵州省内见于雷山、江口、印江、松桃、仁怀、桐梓、绥阳、赤水、德江、贵定、荔波、榕江、望谟、罗甸、毕节、贵阳、道真、沿河、思南、金沙。国内见于贵州、河南、四川、重庆、云南、广西、湖北、安徽、湖南、江西、江苏、上海、浙江、福建、台湾、广东、香港、澳门、海南。

蛙科
Ranidae

水蛙属
Hylarana Tschudi, 1838

21

阔褶水蛙

Hylarana latouchii (Boulenger, 1899)

【保护级别】《中国生物多样性红色名录》无危（LC）物种，"三有"保护动物，IUCN红色名录无危（LC）物种。

【鉴别特征】皮肤粗糙，整个背部具稠密的刺粒；背侧褶宽厚，其宽度大于或等于上眼睑宽，褶间距窄；颌腺甚明显。

【形态描述】雄蛙体长38～41mm，雌蛙体长49～51mm。头长大于宽；吻较短而钝，末端略圆；吻棱明显；鼻孔近吻端；颊部凹陷；鼻间距较宽，略大于眼间距；鼓膜明显，与上眼睑等宽，无颞褶；舌长卵圆形，后端缺刻深；犁骨齿两小团，在内鼻孔

阔褶水蛙抱对

阔褶水蛙（雄，正面）

阔褶水蛙（雄，腹面）　　　　阔褶水蛙（雄，手腹面）　　　　阔褶水蛙（雄，足腹面）

之间。有1对咽侧内声囊，声囊孔小，长裂形。肩胸骨分叉，上胸软骨极小；中胸骨细长，基部粗；剑胸软骨远大于上胸软骨，后端有缺刻。自眼后角至胯部有极明显的背侧褶，在后端常断续成疣粒，整个背侧褶宽窄不一，中部最宽，等于或大于上眼睑宽，为4～4.5mm。前臂及手长小于体长之半。指纤细而长。指关节下瘤小而清晰，有指基下瘤。掌突3个。第1指内侧有浅色婚垫；体背侧有雄性线。体背侧有雄性线，腹侧无。后肢长约为体长的1.5倍，胫长约为体长之半，雌蛙或小于体长之半。后肢前伸贴体时，胫跗关节达眼部；左、右跟部重叠；足略长于胫；指末端钝圆略扁，无腹侧沟；趾末端略膨大呈吸盘，其腹侧有沟；指式为Ⅲ＞Ⅰ＞Ⅳ＞Ⅱ；趾式为Ⅳ＞Ⅴ≈Ⅲ＞Ⅱ＞Ⅰ；趾间半蹼，均不达趾端。趾关节下瘤小而明显。内、外跖突小，内者长卵圆形，外者圆形。皮肤粗糙；背面有稠密的小刺粒；吻端、头侧、前肢及腹面的皮肤光滑；股部近肛周疣粒扁平；两眼前角之间有凸出的小白点；生活时体背面金黄色夹杂少量的灰色斑，背侧褶上的金黄色更加明显；从吻端开始通过鼻孔沿背侧褶下方有黑带；吻缘淡黄色，具灰色斑；颌腺黄色；体侧有形状和大小不等的黑斑，

疣粒黄色；四肢背面有黑横纹，股后方有黑斑点及云斑。雄蛙的臂腺及雌蛙的相应部位有灰色斑；体腹部淡黄色，两侧的黄色稍淡而无斑，有些标本为灰白色其上有许多云斑。

【生态习性】生活于海拔400～1200m山区的水田及静水塘中。繁殖季节在4—5月。

【地理分布】雷公山见于陡寨、毛坪、小丹江、昂英。贵州省内见于荔波、雷山。国内见于贵州、广西、安徽、江苏、浙江、江西、湖南、湖北、福建、台湾、广东、香港。

蛙科
Ranidae

水蛙属
Hylarana Tschudi, 1838

22

台北纤蛙
Hylarana taipehensis (Van Denburgh, 1909)

【保护级别】《中国生物多样性红色名录》近危（NT）物种，"三有"保护动物，IUCN红色名录无危（LC）物种。

【鉴别特征】体小而细长，吻长而尖；后肢前伸时，胫跗关节达鼻孔或鼻眼之间；体背侧褶呈金黄色，其间绿色；背部有1对细纵线纹。

【形态描述】雄蛙体长27～30mm，雌蛙体长36～41mm；头平扁，头长显然大于头宽；吻较长而尖，约为眼径的1.5倍；吻端突出下唇颇多；吻棱清晰，斜达吻端；鼻孔近吻端；颊部略向外侧倾斜；鼻间距

台北纤蛙（雄，腹面）

台北纤蛙（雄，正面）

台北纤蛙（雄，手背面）

台北纤蛙（雄，手腹面）

台北纤蛙（雄，足腹面）

与眼间距几乎相等；眼适中；鼓膜大而明显，距眼后角很近，雄蛙的鼓膜与眼径相等，雌蛙的略小；舌长梨形，后端缺刻深；犁骨齿在鼻孔内侧，略向中线倾斜，而左、右不相遇。无声囊。肩胸骨分叉，上胸软骨极小；中胸骨细长，基部粗；剑胸软骨远大于上胸软骨，后端有缺刻。背侧褶细而清晰，自眼后到胯部；前肢较细弱；前臂及手长不到体长之半；指略扁；指关节下瘤明显；内、外掌突明显。雄蛙体较小；鼓膜较大，婚垫乳白或略灰；左右体背侧粉红色的雄性线明显，体腹面无。后肢细长，贴体前伸时，胫跗关节达鼻孔，或达眼与鼻孔之间；左、右跟部重叠甚多；胫部显然比股部长，大于体长之半；跗足长约为胫长的1.5倍；指末端略膨大成窄长的吸盘，吸盘腹侧有沟，第1指的仅成球状无沟；指微具缘膜；指式为Ⅲ＞Ⅰ＞Ⅳ≈Ⅱ；趾式为Ⅳ＞Ⅴ＞Ⅲ＞Ⅱ＞Ⅰ；趾间蹼不甚发达，蹼缘缺刻深，第4趾蹼达近端第2关节下瘤，第1、第2、第3趾外侧和第5趾内侧的蹼均以缘膜达趾端；趾关节下瘤明显；内跖突卵圆，外跖突小而圆。皮肤较光滑；背侧褶间有散布均匀的细小白刺粒，体后端者较大；鼓膜后方到体侧有一条浅色的侧褶或断或续，成行排列；口角后浅色颌腺明显。四肢背、腹面腺体较多，胫部外侧有3～5条明显的纵腺褶；股后腺大，长椭圆形，位于股后远端；跗部有2条跗褶。腹面皮肤光滑；生活时背部绿色或棕色，背侧褶金黄色，沿该褶的两侧镶以细的深棕色线纹；颈缘及鼓膜后方的侧褶金黄色；体侧两条侧褶之间为棕色；四肢浅棕色，股部有不明显的横纹或无，股后多有深色纵纹2～3条，有的很明显；少数标本有浅黄色细脊线。腹面灰黄色。

【**生态习性**】生活于海拔80～580m的稻田、水塘及水沟附近草丛中。繁殖季节在5—7月。

【**地理分布**】雷公山见于昂英、陡寨、小丹江。贵州省内见于黔东南地区。国内见于贵州、云南、广西、福建、台湾、广东、香港、海南。

蛙科
Ranidae

琴蛙属
Nidirana Dubois, 1992

雷山琴蛙（雄，腹面）

23

雷山琴蛙

Nidirana leishanensis (Li, Wei, Xu, Cui, Fei, Jiang, Liu et Wang, 2019)

【保护级别】《中国生物多样性红色名录》无危（LC）物种，"三有"保护动物，IUCN红色名录未评估（NE）物种。

【鉴别特征】体形较大；指、趾均有腹侧沟；胫跗关节贴体前伸达鼻眼之间；雄蛙具1对内声囊，繁殖期第1、第2指具婚垫。

【形态描述】雄性体长49.5～56.4mm，雌性体长43.7～55.3mm。头长大于头宽；吻端钝圆；鼻孔斜置；颊部垂直；鼻间距大于眼间距，大于上眼睑宽；眼径大于鼓膜径；瞳孔横置；鼓膜圆形，明显；无

雷山琴蛙（雄，正面）

雷山琴蛙（雄，手腹面）

雷山琴蛙（雄，手背面）

雷山琴蛙（雄，足腹面）

颞褶；舌后端缺刻深；犁骨棱和犁骨齿发达；背侧褶明显。前肢细长；指、趾细长；指关节下瘤明显；掌突3个。后肢细长；左、右跟部重叠；胫长小于脚长。指端略微膨大，有腹侧沟；趾侧具缘膜；指式为Ⅱ＜Ⅳ＜Ⅰ＜Ⅲ；趾式为Ⅰ＜Ⅱ＜Ⅴ＜Ⅲ＜Ⅳ；趾具1/3蹼；趾关节下瘤明显；内跖突卵圆形，外跖突缺乏；背部及肩上腺橄榄色，体侧淡黄色；背部及体侧有黑色斑；背中线淡黄色，四肢红棕色；鼓膜淡黄色；颌腺白色；腹部光滑，四肢及咽部肉红色，腹部淡黄色。

【生态习性】生活在海拔650～1300m的水田及沟渠附近。

【地理分布】雷公山见于桥水、格头、响水岩、大榜坡、干力、小丹江、乌东。贵州省内见于雷山、黄平、从江、三都。国内见于贵州、广西、湖南。

蛙科
Ranidae

臭蛙属
Odorrana Fei, Ye et Huang, 1990

大绿臭蛙（雄，腹面）

24

大绿臭蛙
Odorrana graminea (Boulenger, 1899)

【保护级别】《中国生物多样性红色名录》无危（LC）物种，"三有"保护动物，IUCN红色名录无危（LC）物种。

【鉴别特征】雌蛙成体体形明显大于雄蛙；上唇缘无锯齿状突；背侧褶较宽而不十分明显；雄蛙咽侧有1对外声囊，体背面纯绿色。

【形态描述】雄蛙体长44～49mm，雌蛙体长77～95mm。头扁平，头长大于头宽；吻端钝圆，略突出于下唇；吻棱明显；鼻孔位于吻眼之间，鼻间距大于眼间距；颊部向外侧倾斜，有深凹陷；鼓膜清晰，雄蛙鼓膜径约为眼径的2/3，雌蛙鼓膜约为眼径的1/2；

大绿臭蛙（雄，正面）

绿大臭蛙（雄，手腹面）

绿大臭蛙（雄，手背面）

绿大臭蛙（雄，足背面）

舌长，略呈梨形，后端缺刻深；犁骨齿两短斜行。具一对咽侧外声囊，声囊孔长裂形。前臂及手长近于体长之半；指细长；指关节下瘤明显，外侧3指有指基下瘤；掌突2个，内者大，外者小，均为椭圆形。前臂较粗壮；第1指有灰白色婚垫，较大。无雄性线。后肢长，约为体长的1.9倍。后肢前伸贴体时，胫跗关节超过吻端；左、右跟部重叠颇多；胫长为体长的61%左右，约为其宽的4.6倍；足短于胫长；指端有宽的扁平吸盘，纵径略大于横径，宽度不大于其下指节的2倍，均有腹侧沟，雄蛙第3指吸盘约为鼓膜直径的1/2或2/5，雌蛙的与鼓膜约相等；趾吸盘与指吸盘相同而略小；第1、第5趾游离侧缘膜窄；指式为Ⅲ＞Ⅳ＞Ⅱ＝Ⅰ；趾式为Ⅳ＞Ⅴ＞Ⅲ＞Ⅱ＞Ⅰ；趾间全蹼，蹼均达趾端；外侧趾间蹼达趾基部；趾关节下瘤明显；内跖突椭圆形，无外跖突；无跗褶。皮肤光滑，背侧褶较宽而不十分明显，从眼后角至胯部；眼下方有腺褶；颌腺在鼓膜后下方，个别者不明显；颞部有细小痣粒；腹面光滑；生活时背面为鲜绿色，但有深浅变异；两眼前角间有一小白点；头侧、体侧及四肢浅棕色，四肢背面有深棕色横纹，一般股、胫各有3～4条，少数标本横纹不显而有不规则斑点。趾蹼略带紫色；上唇缘腺褶及颌腺浅黄色；腹侧及股后有黄白色云状斑。腹面白色。

【生态习性】生活于海拔300～1200m森林茂密的大中型山溪内及其附近。繁殖季节在5—7月。

【地理分布】雷公山见于蒿菜冲、桥水、新寨、小丹江。贵州省内见于江口、雷山、兴义、赤水、开阳、荔波。国内见于贵州、陕西、四川、云南、广西、浙江、安徽、江西、湖南、福建、广东、香港、海南。

蛙科
Ranidae

臭蛙属
Odorrana Fei, Ye et Huang, 1990

25

黄岗臭蛙
Odorrana huanggangensis (Chen, Zhou et Zheng, 2010)

【保护级别】《中国生物多样性红色名录》无危（LC）物种，"三有"保护动物，IUCN红色名录无危（LC）物种。

【鉴别特征】有1对咽侧下外声囊，背侧有粉白色雄性线；体和四肢背面黄绿色，头体背面密布规则椭圆形和卵圆形褐色斑。

【形态描述】雄蛙体长40.6～44.6mm，雌蛙体长82.4～91.1mm，雌雄体长之比2.1∶1。鼓膜大，约为眼径的2/3；无背侧褶；后肢贴体前伸时，胫跗关节达鼻孔；掌突3个；指、趾吸盘纵径大于横径，均有腹

黄岗臭蛙（雄，腹面）

黄岗臭蛙（雄，正面）

黄岗臭蛙（雄，手背面）

黄岗臭蛙（雄，足腹面）

侧沟；第3指吸盘宽度不大于吸盘基部指节的1.5倍；趾间全蹼；雄蛙前臂粗壮；在繁殖季节咽部、胸部和腹部有细小白刺群；第1指婚垫乳白色；有1对咽侧下外声囊，背侧有粉白色雄性线；体和四肢背面黄绿色，头体背面密布规则椭圆形和卵圆形褐色斑，斑点周围无浅色边缘；唇缘有褐色横纹；股、胫部各有褐色横纹4～6条，股后方褐色斑大而密集；腹面白色无斑。

【生态习性】生活于海拔200～800m丘陵山区的大小流溪内。其环境阴湿，植被茂盛，溪水湍急或平缓。成蛙常栖息在溪边的石块或岩壁上或隐于灌丛中。4月的雌蛙腹内卵径0.76mm左右，在溪内未见雄蛙。7月的雌蛙腹内卵已成熟卵，卵径2.6mm左右，此期雄蛙在溪内活动频繁，并发出"叽""啾"的鸣声，由此推测该蛙的繁殖期可能在7—8月。

【讨论】该物种原被记录为花臭蛙（*Odorrana schmackeri*）。本书通过对其进行分子生物学鉴定和形态学比较，发现雷公山原记录为花臭蛙的物种与黄岗臭蛙的模式产地种群聚为一支。两者遗传距离为0.0%（基于*16S rRNA*基因序列）。因此，结合形态学比较和分子生物学鉴定结果，本书认为雷公山原记录为花臭蛙的物种应为黄岗臭蛙。

【地理分布】雷公山见于乌东、格头、响水岩、桥水、小丹江、昂英、杨家桥、翁密、巫芟沟、新寨、毛坪。贵州省内见于江口、雷山、榕江、从江、天柱、剑河、三穗。国内见于贵州、福建、江西、广东、广西、湖南。

蛙科
Ranidae

臭蛙属
Odorrana Fei, Ye et Huang, 1990

26

龙胜臭蛙
Odorrana lungshengensis (Liu et Hu, 1962)

【保护级别】《中国生物多样性红色名录》近危（NT）物种，"三有"保护动物，IUCN红色名录无危（LC）物种。

【鉴别特征】雄蛙具1对咽侧下外声囊，背侧有雄性腺，胸部、下唇缘及声囊内侧有小白刺，婚垫灰白色；无背侧褶；头体背面及前肢的皮肤均光滑；上眼睑、体背后部及后肢背面均有密集小白刺；生活时，背面呈绿色，自吻端至体后端以及体两侧密布近圆形棕色大斑，腹面灰白色，咽喉及胸部满布棕色云状斑。

【形态描述】体形扁平，雄蛙体长60～67mm，雌蛙

龙胜臭蛙（雄，腹面）

龙胜臭蛙（雄，正面）

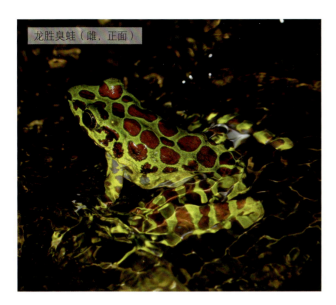

龙胜臭蛙（雌，正面）

体长73~85mm。头长略大于头宽；吻部平扁，吻端钝圆，突出于下唇，吻棱明显；颊部几乎垂直，颊面凹入；鼻孔略近吻端；吻长大于眼径；鼻间距大于眼间距；鼓膜很清晰，约为眼径之半，与第3指吸盘几乎等大；舌长犁形，后端缺刻深；犁骨齿列略呈斜列，左、右列在内鼻孔内侧向后中线倾斜。前臂较粗壮；前臂及手长不到体长之半；指扁；指关节下瘤大，指基下瘤明显；第1指基部内侧的内掌突为长椭圆形，无外掌突。雄蛙体形略小，前臂粗壮；有婚垫；有1对咽侧下外声囊；下唇缘及声囊内侧有小白刺；腹部无雄性线，背侧部位雄性线明显；胸部有小白刺。后肢长，前伸贴体时，胫跗关节达吻端；左、右跟部重叠；胫长略超过体长之半；足长略短于胫长；指吸盘纵径大于横径，腹侧沟均明显，将吸盘分隔成背、腹面；指背面有半月形横沟，吸盘端部较尖，指背面较腹面大，指腹面略成三角形；第3指吸盘与鼓膜几乎等大，第1指吸盘小；趾端与指端同，吸盘略小而窄长，末端稍尖；趾侧缘膜窄或不明显；第4趾及第2、第3趾之内侧以缘膜达趾端；外侧趾间蹼达趾基部；指式为Ⅲ＞Ⅳ＞Ⅱ＞Ⅰ；趾式为Ⅳ＞Ⅴ＞Ⅲ＞Ⅱ＞Ⅰ；趾间近全蹼，第5趾内侧及第1、第2、第3趾外侧的蹼达趾端；趾关节下瘤明显；内跖突卵圆形，无外跖突，无跗褶。头体背面和前肢的皮肤光滑；上眼睑后半部、颞部、后背部以及后肢背面有白色小刺粒，一般雄蛙的多，雌蛙的少；鼓膜边缘有1圈小白刺粒，颞褶厚；颌腺上有密集的小白刺；体侧有疣粒，自腋后至腹部外侧疣粒上有小白刺，有的个体则无。胸腹部皮肤光滑；股后下方有扁平颗粒状腺体，且相连接；咽喉部外侧和口角下方之外声囊很明显。生活时，背面绿色，自吻端至体后端以及体两侧有10几个棕色大斑点，多近圆形，排列不规则；沿颞褶部棕色，颌缘亦有棕色斑点；在眼前角之间有1个小白点；四肢上棕色横纹明显，股、胫部各有4~6条，蹠、跗部棕色横纹一般与胫部的相对应。腹面灰白，咽喉及胸部满布棕色云状斑，一般咽胸部的密集，向后逐渐稀少；蹼膜橘黄色；婚垫灰白色。

【生态习性】生活于海拔1000~1500m的林区，多活动于山溪旁边的陡壁处。繁殖季节在6—7月。

【地理分布】雷公山见于仙女塘、冷竹山。贵州省内仅见于雷公山。国内见于贵州、广西、湖南。

蛙科
Ranidae

臭蛙属
Odorrana Fei, Ye et Huang, 1990

竹叶蛙（雄，腹面）

27

竹叶蛙
Odorrana versabilis (Liu et Hu, 1962)

【保护级别】《中国生物多样性红色名录》近危（NT）物种，"三有"保护动物，IUCN红色名录无危（LC）物种。

【鉴别特征】两性个体体长差异小；吻部略呈盾形；上唇缘有锯齿状突；趾间近满蹼，蹼宽大凹陷甚浅，蹼的张度大，第1、第5趾外侧夹角大于90°；背侧褶平直而明显；雄性有内声囊；生活时，背部呈棕色或绿色，呈棕色者散有稀疏不规则的绿色斑点；两眼间有1个小白点。

【形态描述】雄蛙体长68～80mm，雌蛙体长71～87mm。头部扁平，头长大于头宽；吻长而宽扁，略

竹叶蛙（雄，正面）

竹叶蛙（雌，手背面）

竹叶蛙（雌，手正面）

竹叶蛙（雌，足腹面）

呈盾形，突出于下唇；吻棱角状；鼻孔位于吻眼中间，在背面不能窥见；颊部向外倾斜，颊面凹入；鼻间距大于眼间距；鼓膜明显，约为眼径的1/2；舌后端缺刻深；犁骨齿强，且呈2个短斜列，位于两内鼻孔内侧。雄性有1对咽侧下内声囊，声囊孔小，近口角处。前臂及手长不到体长之半，较粗壮；关节下瘤大而显，有指基下瘤。雄蛙第1指内侧膨大成椭圆形，其背面有灰白色婚垫，较小，无雄性线。后肢长，几乎为体长的2倍，前伸贴体时，胫跗关节超过或达吻端；左、右跟部显然重叠；足比胫短；指端均有吸盘，第1指的吸盘小，第3指吸盘的宽度为2.3mm左右；吸盘腹侧沟较深；趾端与指端同，但吸盘略小，均有腹侧沟；指式为Ⅲ＞Ⅰ＞Ⅳ＞Ⅱ；趾式为Ⅳ＞Ⅲ＝Ⅴ＞Ⅱ＞Ⅰ；趾间近满蹼，蹼缘凹陷很浅，第1、第5趾外侧线所形成的夹角大于90°，外侧跖间蹼达跖基部；趾关节下瘤发达；内跖突椭圆形；无外跖突，有者小而不甚明显；无跗褶。背面皮肤光滑；背侧褶平直而明显，体后部背侧褶间、体侧及股后下方有分散的小痣粒；鼓膜光滑，颞部有细痣粒；无颞褶；有2个颌腺；沿上颌缘有1排锯齿状乳突。腹面皮肤光滑。生活时背部为棕色或绿色，棕色者还散有稀疏不规则的绿色斑点，也有全棕色或绿色者；颞部至肩上方墨绿色，沿上唇、颊部至颌腺为止有黄褐色纹，两眼前角间有一个小白点，体背侧至腹侧棕色由深逐渐变浅。四肢背面棕色，除上臂以外均有墨绿色横纹，股、胫各5条；股后下方有深浅相间的细云状斑。腹面浅褐黄色，咽喉部有细云状斑。瞳孔椭圆形。虹膜上半金黄色，下半红色。液浸标本背面棕褐色，深色斑纹尚清晰。

【生态习性】生活于海拔400～1350m的林木繁茂、环境较为阴湿的山区溪流及其附近环境。繁殖季节在3月，成蛙可在溪沟内大量出现。

【地理分布】雷公山见于仙女塘、响水岩地。贵州省内见于江口、雷山、从江。国内见于贵州、广西、安徽、江西、湖南、广东。

蛙科
Ranidae

臭蛙属
Odorrana Fei, Ye et Huang, 1990

28

雷山臭蛙

Odorrana leishanensis (Li, Chen, Su, Liu, Tang et Wang, 2024)

【保护级别】《中国生物多样性红色名录》未评估（NE）物种，"三有"保护动物，IUCN红色名录未评估（NE）物种。

【鉴别特征】体形中等；头宽大于头长；鼓膜明显；背部和四肢散布有圆形疣粒；无背侧褶；后肢贴体前伸时，胫跗关节达到眼睛到鼻孔之间；雄性无声囊，第1指基部有婚垫。

【形态描述】雄蛙体长39.1～49.4mm，雌蛙体长约49.7mm。头宽大于头长；鼻短，突出超过下颌；眼大且凸；鼻孔圆形，靠近鼻尖而不是眼睛，鼻间距大

雷山臭蛙（雄，腹面）

雷山臭蛙（雄，正面）

雷山臭蛙（雌，正面）

雷山臭蛙（雄，手腹面）　　雷山臭蛙（雄，手正面）

雷山臭蛙（雄，足腹面）

于眶间距；鼓膜清晰；犁骨齿位于发达的脊上；舌后部有缺刻；瞳孔水平椭圆形；声囊缺失。前肢纤细；前臂和手掌长度不到体长的1/2。手指纤细，指式为Ⅱ＜Ⅰ＜Ⅳ＜Ⅲ。指尖扩大成吸盘，带有缘膜，无蹼；指下的分节瘤明显；额外的瘤体不明显；内掌跖瘤呈椭圆形，延长；外掌跖瘤缺失；第1指有浅黄色婚垫；后肢长，贴身时，胫跗关节达到眼睛与鼻孔之间；脚跟重叠；胫部长度大于腿长度；趾纤细，趾式为Ⅰ＜Ⅱ＜Ⅲ＜Ⅴ＜Ⅳ；趾完全具蹼；趾尖扩展成盘状，带有周缘沟；外跖瘤缺失；内跖瘤存在。背面粗糙，背部和四肢上散布有小而圆的颗粒，头部、身体和四肢的腹面光滑；从眼睛后缘到鼓膜后缘有一条弱的鼓上褶；背侧褶缺失；生活时，背部为草绿色，带有少量棕色斑点；体侧为浅黄色，带有若干黑色斑点；前肢背面为浅黄色，前臂为橄榄棕色，带有黑色条纹和不规则的草绿色斑点；后肢背面为草绿色，带有黑色条

纹；上颌有1圈棕色斑点；下颌为黄色，带有黑色斑点；吻侧区呈现草绿色与黑色斑点；鼓膜为棕黑色；喉部和胸部腹面为棕色，腹部为浅黄色。

【生态习性】生活于雷公山保护区海拔1600～1800m的山间溪沟中。

【地理分布】雷公山特有种，目前仅分布在雷公山山门侧沟及仙女塘。

蛙科
Ranidae

侧褶蛙属
Pelophylax Fitzinger, 1843

黑斑侧褶蛙（雄，腹面）

29

黑斑侧褶蛙
Pelophylax nigromaculatus (Hallowell, 1860)

【保护级别】《中国生物多样性红色名录》近危（NT）物种，"三有"保护动物，IUCN红色名录无危（LC）物种。

【鉴别特征】背侧褶间有数行长短不一的肤褶；雄蛙有1对颈侧外声囊，肩上方无扁平腺体；生活时，体背面颜色多样，有淡绿色、黄绿色、深绿色、灰褐色等颜色，杂有许多大小不一的黑斑纹，如果体色较深，则黑斑不明显，多数个体自吻端至肛前缘有淡黄色或淡绿色的脊线纹；背侧褶呈金黄色、浅棕色或黄绿色。

黑斑侧褶蛙（雄，正面）

黑斑侧褶蛙（雄，手背面）

黑斑侧褶蛙（雄，手腹面）

黑斑侧褶蛙（雄，足腹面）

【形态描述】雄蛙体长49～70mm，雌蛙体长76～85mm。头长大于头宽；吻部略尖，吻端钝圆，突出于下唇；吻棱不明显，颊部向外倾斜；鼻孔在吻眼中间，鼻间距等于眼睑宽，眼大而突出，眼间距窄，小于鼻间距及上眼睑宽；鼓膜大而明显，近圆形；犁骨齿两小团，突出在内鼻孔之间；舌宽厚，后端缺刻深。雄性有1对颈侧外声囊。第4趾蹼达远端第1关节下瘤，其余达趾端，缺刻较深；指、趾末端钝尖；指侧缘膜不明显；第1、第5趾外侧有不发达的缘膜；后肢短而肥硕，向前伸贴体时，胫跗关节达鼓膜和眼之间，左、右跟部不相遇。体背面皮肤较粗糙、颜色多样，有淡绿色、黄绿色、深绿色、灰褐色等颜色，杂有许多大小不一的黑斑纹；背侧褶明显，褶间有多行长短不一的纵肤棱，后背、肛周及股后下方有圆疣和痣粒；体侧有长疣或痣粒；鼓膜上缘有细颞褶，口角后的颌腺窄长；胫背面有多条由痣粒连缀成的纵肤棱；无跗褶；自吻端沿吻棱至颞褶处有1条黑纹；四肢背面浅棕色，前臂常有棕黑横纹2～3条，股、胫部各有3～4条，股后侧有酱色云状斑。

【生态习性】生活于海拔150～200m的丘陵、山区，常见于水田、池塘、湖泽、水沟等静水或流水缓慢的河流及附近草丛中。繁殖季节在4—6月，卵通常产于池塘和水田四周的浅水区，水深10～20cm，一般不在深水、污水、山溪流水中产卵；卵胶膜黏性强，彼此粘连成团，每团卵数千粒。

【地理分布】雷公山见于永乐、昂英、石灰河、桥歪、小丹江、陡寨、桥水。贵州省内均有分布。国内除新疆、西藏、青海、台湾、海南各省份外均可见。

蛙科
Ranidae

蛙属
Rana Linnaeus, 1758

30

寒露林蛙

Rana hanluica (Shen, Jiang et Yang, 2007)

【保护级别】《中国生物多样性红色名录》近危（NT）物种，"三有"保护动物，IUCN红色名录无危（LC）物种。

【鉴别特征】皮肤光滑；趾末端不呈吸盘状，腹侧无沟；背侧褶较宽细而平直，在颞部上方不弯曲，从眼后直达胯部；股部背面黑褐色横纹窄且整齐，约9条。

【形态描述】雄蛙体长50～66mm，雌蛙体长54～72mm。头长大于头宽；吻端钝尖，明显突出于下唇；吻棱明显；鼻孔位于吻棱下方，在眼和吻端之间；鼓膜明显呈圆形；犁骨齿列短，具小齿7～8枚，

寒露林蛙（雄，腹面）

寒露林蛙（雄，正面）

寒露林蛙（雌，正面）

寒露林蛙（雌，腹面）

位于内鼻孔内后侧，呈倒"八"形舌卵圆形、较窄，后端缺刻深。雄蛙无声囊。趾间蹼发达，雄蛙的蹼在内侧3趾的外缘及第5趾的内缘达趾端，第4趾两侧蹼之凹陷处达第2和第3关节下瘤的中间；雌蛙的蹼略小，其凹陷较深，凹陷不超过第4趾的第2关节，两侧之蹼以缘膜达趾端；外侧跖间蹼达跖基部。指末端钝圆；趾细长，末端略膨大呈扁圆形而无沟；四肢细长，后肢长约前肢长的2倍，前伸贴体时，胫跗关节达吻端或超过，左右跟部明显重叠；四肢背面有窄长的黑褐色横纹，排列紧密，前臂有4~7条，胫部5~12条，股部6~12条。体背面皮肤光滑，雄蛙仅有小肤褶，无疣或有小疣粒，雌蛙背面及体侧常有少数圆疣；两眼间的横斑、颞部的三角形斑、背部的"八"形斑或短杆状斑均为黑褐色；体色变异大，繁殖季节雄蛙背面及体侧一般为绿豆黄色，雌蛙多为红棕色，繁殖季节后为橄榄棕色或灰棕色。

【生态习性】生活于海拔1100~2000m森林地带。繁殖季节在10月左右，卵粒以卵外胶膜彼此粘连成团状。

【地理分布】雷公山见于南刀、白岩、大塘湾、乌东、格头、陡寨、水寨、松岗、桥访、欧防、新寨、桥水、蒿菜冲。贵州省内见于雷山、江口、从江。国内见于贵州、湖南、广西。

蛙科
Ranidae

蛙属
Rana Linnaeus, 1758

31

镇海林蛙
Rana zhenhaiensis (Ye, Fei et Matsui, 1995)

【保护级别】《中国生物多样性红色名录》无危（LC）物种，"三有"保护动物，IUCN红色名录无危（LC）物种。

【鉴别特征】皮肤较光滑，体背及体侧有少数小圆疣；颞褶细弱；背侧褶在鼓膜上方多数略弯，少数平直；股部背面黑褐色横纹较宽，一般4～7条；雄蛙婚垫灰色，基部不明显且分为2团。

【形态描述】体形相对较小，雄蛙体长40～57mm，雌蛙体长36～60mm。头长大于头宽；吻端钝尖，突出于下唇；颊部略向外倾斜有一浅凹陷；鼻孔略近吻

镇海林蛙（雄，腹面）

镇海林蛙（雄，正面）

镇海林蛙（雄，手正面）

镇海林蛙（雄，手腹面）

镇海林蛙（雄，足腹面）

端；鼓膜圆形，约为眼径的2/3；犁骨齿两短斜行，位于内鼻孔内后方；舌后端缺刻深。雄蛙无声囊。雄蛙趾蹼较雌蛙的发达，第1、第2、第3趾的外侧及第5趾的内侧之蹼几乎达趾端或超过远端关节，第4趾蹼的凹陷处达第2关节下瘤；雌蛙的蹼略逊，第4趾的蹼达到或略超过第2关节下瘤，蹼缘缺刻较深。指端钝圆、趾末端钝尖；后肢较长，前伸贴体时，胫跗关节达鼻孔前后，一般不超过吻端，左右跟部明显重叠；四肢背面有宽窄不一的黑横纹，股、胫部各有3～4条；前肢后缘和后肢前缘有规则的灰棕色或深灰色线纹。体背面皮肤较光滑，背部及体侧有少数小圆疣，多数个体在肩上方的疣粒排列呈"八"形或"Λ"形；背侧褶细窄，通常由眼后稍斜向外侧，与颞褶上端相连，随即弯向中线，然后直伸至胯部而在鼓膜上方形成弧状弯曲；体色变异较大，雄蛙背面一般为橄榄棕色、棕灰色或棕褐色，在产卵季节雌蛙体背一般为红棕色或棕黄色，以后逐渐接近于雄性的颜色。

【**生态习性**】生活在海拔500～1200m的山区。繁殖季节在12月至翌年4月，繁殖期间常群集在丘陵、山边的水坑、水沟和农田，或雨后的临时积水等静水域及其附近；卵产于水深3～30cm的水田、水塘以及临时积水的静水域内的水草间，卵群粘连成团状。

【**地理分布**】雷公山见于永乐、桃良、石灰河、格头、白岩、桥水、蒿菜冲、小丹江。贵州省内见于雷山、江口、印江、思南。国内见于贵州、天津、山东、河南、安徽、江苏、浙江、江西、湖南、福建、广东。

叉舌蛙科
Dicroglossidae

陆蛙属
Fejervarya Bolkay, 1915

泽陆蛙（雄，腹面）

32

泽陆蛙
Fejervarya multistriata (Hallowell, 1860)

【保护级别】《中国生物多样性红色名录》无危（LC）物种，"三有"保护动物，IUCN红色名录无危（LC）物种。

【鉴别特征】体形较小；鼓膜圆形，约为眼径的3/5；后肢前伸贴体时，胫跗关节达肩部或眼部后方，左右跟部不相遇或仅相遇；第5趾外侧无缘膜或极不明显；有外跖突；雄蛙有单咽下外声囊。

【形态描述】雄蛙体长38～42mm，雌蛙体长43～49mm。头长略大于头宽；吻部尖，突出于下唇；吻棱不显，颊部显然向外倾斜；鼻孔在吻眼之间；鼓膜

泽陆蛙（雄，正面）

泽陆蛙（雄，手背面）

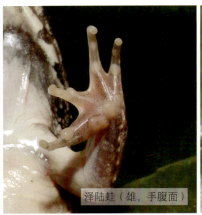

泽陆蛙（雄，手腹面）

泽陆蛙（雄，足腹面）

圆形，约为眼径的3/5；犁骨齿2团，小而突出；舌宽厚，卵圆形，后端缺刻深。雄蛙具单咽下外声囊，咽喉部黑色。趾间半蹼，第4趾蹼只达近端第1、第2关节之间，趾侧缘膜很不明显；后肢较粗短，前伸贴体时，胫跗关节达肩或仅达鼓膜，左右跟部不相遇或仅相遇；四肢背面各节有2～4条棕色横斑。背面皮肤粗糙，有数行长短不一的纵肤棱，在肤棱之间散布许多小疣粒，无背侧褶；体侧及体后端疣粒圆而明显；上下唇缘有棕黑色纵纹；体色变异颇大，多为灰橄榄色或深灰色，杂有棕黑色斑纹，部分个体头体中部有一条浅色脊线。

【生态习性】该蛙在贵州省内广泛分布，适应性强，生活于海拔1500m以下的稻田、沼泽、水沟、菜园、旱地及草丛。昼夜活动。繁殖季节在5—7月，卵群多产在水深5～15cm的稻田及雨后临时水坑中，卵粒成片漂浮于水面或黏附于植物枝叶上。

【地理分布】雷公山见于桥歪、桃良、永乐、南老、昂英、石灰河、白岩、水寨、毛坪、陡寨、杨家桥、昂宿、桥水。贵州全省均有分布。国内见于贵州、河北、天津、山东、河南、陕西、甘肃、湖北、安徽、江苏、浙江、江西、湖南、福建、四川、重庆、广西、云南、西藏、台湾、广东、香港、澳门、海南。

叉舌蛙科
Dicroglossidae

棘胸蛙属
Quasipaa Dubois, 1992

33

棘腹蛙
Quasipaa boulengeri (Günther, 1889)

【保护级别】《中国生物多样性红色名录》易危（VU）物种，"三有"保护动物，IUCN红色名录易危（VU）物种。

【鉴别特征】体背部长行疣排列成纵行，头部、体侧及四肢背面均有分散的大小黑刺疣；体侧刺疣较少；雄蛙胸部、腹部布满大小肉质疣，每个疣上中央有1枚黑刺。

【形态描述】体形肥硕，雄蛙体长69～124mm，雌蛙体长76～121mm。头长小于头宽；吻端圆，略突出于下唇；吻棱不显；鼻孔位于吻眼之间；鼓膜不明显；犁

棘腹蛙（雄，腹面）

棘腹蛙（雄，正面）

棘腹蛙（雄，手背面）

棘腹蛙（雄，手腹面）

棘腹蛙（雄，足腹面）

骨齿短，呈倒"八"形；舌椭圆形，后端有缺刻。雄蛙具单咽下内声囊，声囊孔大，长裂状。指间无蹼，趾间几乎全蹼，第4、第5趾间蹼超过趾长之半；第2指两侧及第3指内侧具缘膜；第1、第5趾游离侧缘膜达跖基部；指、趾端圆球状无沟；后肢粗壮，前伸贴体时，胫跗关节达眼部，左右跟部仅相遇。体背面皮肤粗糙，背部有纵行的长形或圆形疣和小刺疣；眼后有一横肤沟；四肢背面疣少，长形肤棱明显；体背面多为黄棕色或深褐色，两眼间常有一黑横纹，部分背部具不规则的黑斑；四肢背面有黑横纹或不明显；体和四肢腹面肉色，咽喉部有棕色斑，下颌缘更明显。

【生态习性】生活在海拔900～1200m森林茂密的山溪瀑布下或山溪水塘边的石下，且溪内大小石块甚多，溪边乔木或灌木丛生。白天隐匿于溪底的石块下、溪边大石缝或瀑布下的石洞内；晚间出外，蹲于石块上或伏于水边。繁殖季节主要在5—8月；卵多产于流溪瀑布下水坑内，卵群成串，似葡萄状，一般黏附在水中石块下、倒木或枯枝上。

【地理分布】雷公山见于方祥、响水岩、石灰河、桥歪、小丹江、交腊、乌东、七里冲、格头、雷公坪、松米坡、昂宿、桥水。贵州省内见于江口、印江、松桃、兴义、安龙、毕节、水城、威宁、雷山、贵定、罗甸、贵阳、望谟、绥阳。国内见于贵州、山西、陕西、甘肃、湖北、江西、湖南、四川、重庆、广西、云南。

叉舌蛙科
Dicroglossidae

棘胸蛙属
Quasipaa Dubois, 1992

棘侧蛙（雄，腹面）

34

棘侧蛙
Quasipaa shini (Ahl, 1930)

【保护级别】《中国生物多样性红色名录》易危（VU）物种，"三有"保护动物，IUCN红色名录濒危（EN）物种。

【鉴别特征】体背皮肤极粗糙，布满长形疣，体侧疣刺很多；雄蛙胸部和前腹部以及体侧的疣上有刺，小疣上刺1枚，大疣上多为3～8枚；生活时，背面呈深棕黑色，两眼间有黑色宽的横纹；一般上下唇缘有浅色纵纹。

【形态描述】体形肥硕，雄蛙体长89～115mm，雌蛙体长87～109mm。头长略小于头宽；吻端钝圆，突出于下唇；吻棱不显；鼻孔位于吻眼之间，距眼略

棘侧蛙（雄，正面）

棘侧蛙（雄，手背面）

棘侧蛙（雄，手腹面）

棘侧蛙（雄，足腹面）

近；鼓膜略显；犁骨齿自内鼻孔前缘向中线斜行，呈倒"八"形，后端齿列间距窄，不到齿列的1/2；舌椭圆形，后端缺刻深。雄蛙具1对咽下内声囊。指间无蹼，趾间全蹼；外侧跖间蹼达跖基部；跗褶约为跖长之半；第2、第3指微具缘膜，第1、第5趾外侧缘膜达跖基部；指、趾端球状；后肢粗壮且较长，前伸贴体时，胫跗关节达眼前角，左右跟部相遇或略重叠。体背和体侧皮肤粗糙，背部有长短疣粒排列成纵行，其间散有圆疣，均有黑刺；自口角经体侧至胯部有密集大小不等的圆疣，每个疣上有1枚小黑刺；眼后方有横肤沟。背面多为深棕黑色，两眼间有黑色宽横纹，四肢横纹隐约可见。

【生态习性】生活在海拔650～1900m的山溪内。所处环境植被繁茂，溪水清澈，潮湿。成蛙白天隐藏在溪边石下或岸上大石上，受惊扰后跳入深水凼，隐伏于水底石下。夜晚栖息于溪边石上，在手电筒光照射下会蹲在原地不动。

【地理分布】雷公山见于方祥、响水岩、白岩、响水岩、大塘湾、乌东、仙女塘、七里冲、格头、雷公坪、松米坡、昂宿、桥水。贵州省内见于绥阳、三都、雷山。国内见于贵州、广西、湖南。

叉舌蛙科
Dicroglossidae

棘胸蛙属
Quasipaa Dubois, 1992

棘胸蛙（雄，腹面）

35

棘胸蛙
Quasipaa spinosa (David, 1875)

【保护级别】《中国生物多样性红色名录》易危（VU）物种，"三有"保护动物，IUCN红色名录易危（VU）物种。

【鉴别特征】后肢前伸贴体时，胫跗关节达眼部；雄蛙前臂很粗壮，内侧3指有黑色婚刺，胸部疣粒小而密，疣上仅有1枚黑刺；体侧无刺疣，背面、体侧皮肤粗糙。

【形态描述】体形肥硕，雄蛙体长106～142mm，雌蛙体长115～153mm。头长小于头宽；吻端圆，突出于下唇；吻棱不明显；鼻孔位于吻眼之间，距眼略

棘胸蛙（雄，正面）

棘胸蛙（雄，手背面）

棘胸蛙（雄，手腹面）

棘胸蛙（雄，足腹面）

近；鼓膜不明显；犁骨齿强，自内鼻孔内侧向中线倾斜，齿列后端间距窄；舌椭圆形，后端缺刻深。雄蛙具单咽下内声囊。指间无蹼，趾间全蹼，外侧跖间蹼达跖长之半，跗褶清晰，第5趾外侧缘膜达跖基部；第2、第3指内侧缘膜清晰，第1、第5趾外侧缘膜达跖基部；指、趾端球状；后肢粗壮适中，前伸贴体时，胫跗关节达眼部，左右跟部相遇或略重叠。体背皮肤较粗糙，长短疣断续排列成行，其间有小圆疣，疣上一般有黑刺；眼后方有横肤沟；雄蛙胸部满布大小肉质疣，向前可达咽喉部，向后止于腹前部，每个疣上有1枚小黑刺；雌蛙腹面光滑。体背多为黄褐色、褐色或棕黑色，两眼间有深色横纹，上、下唇缘均有浅色纵纹，体和四肢有黑褐色横纹。

【生态习性】 生活于海拔370～1500m山溪的洄水坑、溪水旁的石缝或石洞中。白天多隐藏在石穴或土洞中，夜间多蹲在岩石上。该蛙多以昆虫、溪蟹、蜈蚣、小蛙等为食。繁殖季节在5—9月，卵群呈串状黏附在水中石下。

【地理分布】 雷公山见于方祥、桥歪、桃良、永乐、石灰河、响水岩、小丹江、交腊、高岩、西江、乌东、七里冲、格头、雷公坪。贵州省内见于雷山、松桃、江口、贵定、望谟、绥阳、赤水、兴义。国内见于贵州、湖北、安徽、江苏、浙江、江西、湖南、福建、广西、云南、广东、香港。

树蛙科
Rhacophoridae

泛树蛙属
Polypedates Tschudi, 1838

布氏泛树蛙（雄，腹面）

36

布氏泛树蛙
Polypedates braueri (Vogt, 1911)

【保护级别】《中国生物多样性红色名录》无危（LC）物种，"三有"保护动物，IUCN红色名录无危（LC）物种。

【鉴别特征】头部几乎与身体等宽；头部皮肤与头骨分离或部分相连；后肢贴体前伸时，达眼前端；内蹠突大且突出；无外蹠突；眼眶间靠近上眼睑处可见略呈三角形的浅黑色斑纹；背部散有不规则黑色小斑块。

【形态描述】雄蛙体长约48mm，雌蛙体长约64mm。吻前端钝；鼻孔近吻端；鼓膜大而圆；犁骨齿长，略向后斜列，左右相距较窄。指间无蹼，趾蹼约为3/4

布氏泛树蛙（雄，正面）

布氏泛树蛙（雄，手腹面）　　布氏泛树蛙（雄，足腹面）

蹼；指、趾端均具吸盘，指吸盘大于趾吸盘，但小于鼓膜直径；后肢贴体前伸时，达眼前端。体背皮肤光滑呈棕褐色，散有不规则黑色小斑块，具细小疣粒；体侧皮肤有较多的黑色斑点，四肢背侧横纹清晰；腹部及四肢皮肤较为粗糙；自眼后角开始，体侧各有一深色窄细肤褶。

【**生态习性**】该蛙分布广泛。常见于海拔500～2100m山区灌木丛的树叶上、草丛间或农田附近。常产卵于林区内积水塘或农田中，卵泡一般黏附于水边紧靠水的泥窝或杂草根部。

【**讨论**】该物种原被记录为斑腿泛树蛙（*Polypedates megacephalus*）。本书通过对其进行分子生物学鉴定和形态学比较，发现雷公山原记录为斑腿泛树蛙的物种实际上与布氏泛树蛙的模式产地种群聚为一支。两者遗传距离为2.1%（基于*16S rRNA*基因序列）。虽然两个种群间存在一定的遗传分化，但二者间的遗传距离远小于该属内其他物种间的遗传距离。因此，结合形态学比较和分子生物学鉴定结果，本书认为雷公山原记录为斑腿泛树蛙的物种应为布氏泛树蛙。

【**地理分布**】雷公山见于桥歪、桃良、昂英、石灰河、昂宿、桥水、白岩、格头、平祥、别熊、雀鸟、松岗、陡寨。贵州省内见于雷山、安龙、荔波、仁怀、开阳、贵阳、贞丰、江口。国内见于台湾、福建、江苏、河南、浙江、江西、湖南、安徽、广东、广西、四川、重庆、云南、西藏、贵州。

树蛙科
Rhacophoridae

张氏树蛙属
Zhangixalus Li, Jiang, Ren et Jiang, 2019

大树蛙（雄，腹面）

37

大树蛙
Zhangixalus dennysi (Blanford, 1881)

【保护级别】《中国生物多样性红色名录》无危（LC）物种，"三有"保护动物，IUCN红色名录无危（LC）物种。

【鉴别特征】第3、第4指间半蹼；背面绿色，其上一般散有不规则的少数棕黄色斑点，体侧多有成行的乳白色斑点或缀连成乳白色纵纹；前臂后侧及跗部后侧均有1条较宽的白色纵线纹，分别延伸至第4指和第5趾外侧缘。

【形态描述】体形大，体扁平而窄长；雄蛙平均体长81mm，雌蛙体长99mm左右。头部扁平，雄蛙头

大树蛙（雄，正面）

大树蛙（雄，手背面）

大树蛙（雄，手腹面）

大树蛙（雄，足腹面）

长与头宽几乎一致，雌蛙头长小于头宽；吻端斜尖；吻棱棱角状；鼻孔近吻端；鼓膜大而圆；犁骨齿强壮，位于内鼻孔内前方，左、右列几乎平置，相距颇宽；舌宽大，后端缺刻深。雄蛙具单咽下内声囊。指间蹼发达，第3、第4指间为半蹼，蹼厚而色深，有网状纹；趾间全蹼，蹼厚而色深，上有网状纹，外侧跖间蹼达跖基部；第1、第4指游离侧缘膜明显；第1、第5趾游离缘有缘膜；后肢较长，前伸贴体时，胫跗关节达眼部或

超过眼部，左右跟部不相遇或仅相遇。体背皮肤较粗糙有小刺粒，呈绿色且镶有浅色线纹的棕黄色或紫色斑点；沿体侧一般有成行的白色大斑点或白纵纹；腹部和后肢股部密布较大扁平疣。

【生态习性】 生活于海拔650～1800m的山区树林里或附近的田边、灌木及草丛中。繁殖季节为4—5月，配对时雄蛙前肢抱握在雌蛙的腋部；卵泡多产于田埂或水坑壁上，有的产在灌丛或树的枝叶上；卵群包埋在卵泡内；卵泡略呈长椭圆形。该蛙主要以金龟子、叩头虫、蟋蟀等多种昆虫及其他小动物为食。

【地理分布】 历史记录雷公山见于桥歪、桃良、昂英、石灰河、白虾山、蒿菜冲、桥水、昂宿、新寨、欧防、格头、平祥、水寨、交密。贵州省内见于雷山、江口、三都、荔波。国内见于贵州、重庆、广西、河南、安徽、浙江、江西、上海、湖南、湖北、福建、广东、海南。

树蛙科
Rhacophoridae

张氏树蛙属
Zhangixalus Li, Jiang, Ren et Jiang, 2019

安徽树蛙（雄，腹面）

38

安徽树蛙
Zhangixalus zhoukaiyae (Pan, Zhang et Zhang, 2017)

【保护级别】《中国生物多样性红色名录》近危（NT）物种，"三有"保护动物，IUCN红色名录无危（LC）物种。

【鉴别特征】腹面以及大腿前后略淡黄色，分布有不规则浅灰色斑点，指及趾的蹼背面没有明显的斑点；外跖突小；靠外的指半蹼，靠外的趾具2/3蹼；背面皮肤光滑，呈亮绿色，没有疣粒；喉部、胸部以及腹部呈灰白色且略带淡黄色。

【形态描述】体形中等，雄蛙体长27～37mm，雌蛙

安徽树蛙（雄，背面）

安徽树蛙（雄，手背面）

安徽树蛙（雄，手腹面）

安徽树蛙（雄，足腹面）

体长42～44mm。头长小于头宽；吻端突出；吻棱圆滑；鼓膜明显，中等大小；犁骨齿排列呈"\/"形；舌椭圆形，后端缺刻浅。雄蛙具单咽下外声囊。指和趾末端骨头呈"Y"形，末端膨大具吸盘；指纤细，具蹼、缘膜，指沟明显；趾末端膨大，具吸盘，趾吸盘小于指吸盘，趾沟明显，微具蹼、缘膜；后肢稍短。体背及体侧皮肤光滑，呈亮的绿色，没有浅黄色斑点；体腹面和大腿腹面略呈淡黄色，布有不规则浅灰色斑点和颗粒。

【生态习性】生活于海拔1000～1900m淡水沼泽、池塘以及灌溉地。

【讨论】该物种原被记录为黑点树蛙（*Zhangixalus nigropunctatus*）。本书通过对其进行分子生物学鉴定和形态学比较，发现雷公山原记录为黑点树蛙的物种实际上与安徽树蛙的模式产地种群聚为一支，两者遗传距离为1.1%（基于*16S rRNA*基因序列）。虽然两个种群间存在一定的遗传分化，但二者间的遗传距离远小于该属内其他物种间的遗传距离。因此，结合形态学比较和分子生物学鉴定结果，本书认为雷公山原记录为黑点树蛙的物种应为安徽树蛙。

【地理分布】雷公山见于方祥、仙女塘、格头、雷公坪。贵州省内见于雷山、从江。国内见于贵州、安徽、浙江。

树蛙科
Rhacophoridae

纤树蛙属
Gracixalus Delorme, Dubois, Grosjean et Ohler, 2005

魏氏纤树蛙（雄，腹面）

39

魏氏纤树蛙

Gracixalus weii (Liu, Peng, Wang, Feng, Shen, Li, Chen, Su et Tang, 2025）

【保护级别】《中国生物多样性红色名录》未评估（NE）物种，IUCN红色名录未评估（NE）物种。

【鉴别特征】指间无蹼迹，指侧缘膜狭窄；趾间有中等发育的蹼；指、趾端圆具吸盘及纵沟；体背及侧面的皮肤粗糙呈灰棕色，散布有稀疏的疣粒，具倒"Y"形深棕色斑。

【形态描述】体形中等，雄蛙体长30～34mm，雌蛙体长35～36mm。头长小于头宽；吻端钝圆，平切向上，突出于下唇；吻棱明显；鼻孔近吻端；鼓膜明显；无犁骨齿；舌后端缺刻深。雄蛙具单咽下外声

魏氏纤树蛙（雄，正面）

魏氏纤树蛙（雄，手背面）

魏氏纤树蛙（雄，手腹面）

魏氏纤树蛙（雄，足腹面）

囊。指间无蹼迹，指侧缘膜狭窄；趾间有中等发育的蹼；指、趾端圆具吸盘及纵沟；后肢粗壮，前伸贴体时，胫跗关节达眼中部，左右跟部重叠。体背及侧面的皮肤粗糙呈灰棕色，散布有稀疏的疣粒，具倒"Y"形深棕色斑；腹部和四肢腹面的皮肤粗糙，带有小疣粒。

【**生态习性**】生活在海拔1600～1800m非喀斯特山地的林区，且植被茂盛的高大乔木层下或周边，有溪流或溪流附近潮湿的竹林里。在7—9月通常于高大的竹竿上鸣叫。

【**地理分布**】雷公山特有种，仅见于雷公山山腰、仙女塘。

姬蛙科
Microhylidae

姬蛙属
Microhyla Tschudi, 1838

粗皮姬蛙（雄，腹面）

40
粗皮姬蛙
Microhyla butleri (Boulenger, 1900)

【保护级别】《中国生物多样性红色名录》无危（LC）物种，"三有"保护动物，IUCN红色名录无危（LC）物种。

【鉴别特征】体背面皮肤粗糙，布满疣粒；指、趾末端均具吸盘，其背面有纵沟；体背部有镶黄边的黑酱色大花斑。

【形态描述】体形小，雄蛙体长20～25mm，雌蛙体长21～25mm。头小，头长小于头宽；吻端钝尖，突出于下唇；吻棱不显；鼻孔近吻端；鼓膜不明显；无犁骨齿；舌后端圆。雄蛙具单咽下外声囊。指间无

粗皮姬蛙（雄，正面）

粗皮姬蛙（雄，手腹面）

粗皮姬蛙（雄，足腹面）

蹼，第2、第3指侧缘膜明显；趾间具微蹼；指端具小吸盘，其背面有小纵沟；趾端具吸盘，其背面均有明显的纵沟；后肢粗壮，前伸贴体时，胫跗关节达眼，左右跟部重叠。体背皮肤粗糙，呈灰色或灰棕色，满布疣粒；背中线上的疣粒较细长，大多排列成行，体侧疣粒较大而圆；背部中央具镶黄边的黑酱色大花斑，此花斑自上眼睑内侧，向后延伸至躯干中央汇成宽窄相间的主干；在背后端，主干向两侧分叉，形成"∧"形的深色花斑，斜向胯部，恰与后肢贴体时的股部背面黑酱色横纹相吻合。

【**生态习性**】生活于海拔100～1600m靠山坡的水田、园圃及水沟、水坑边的土隙或草丛中。繁殖季节为5—7月；卵单粒或4～5粒粘成一小片，浮于水面。

【**地理分布**】雷公山见于方祥、格头。贵州省内见于雷山、绥阳、金沙、正安、松桃、江口、赤水、印江、毕节、贵定、荔波。国内见于贵州、四川、重庆、云南、广西、湖北、浙江、江西、湖南、福建、广东、台湾、香港、海南。

姬蛙科
Microhylidae

姬蛙属
Microhyla Tschudi, 1838

小弧斑姬蛙（雄，腹面）

41

小弧斑姬蛙
Microhyla heymonsi (Vogt, 1911)

【保护级别】《中国生物多样性红色名录》无危（LC）物种，"三有"保护动物，IUCN红色名录无危（LC）物种。

【鉴别特征】体略呈三角形；趾间具蹼迹；指、趾末端均具吸盘，其背面有纵沟；体背面无明显疣粒；自吻端至肛部有1条黄色细脊线，其上有1个或2个深色小弧形斑，呈"（ ）"状；体两侧有纵行深色纹。

【形态描述】体形小，略呈三角形；雄蛙体长约20mm，雌蛙体长约23mm。头小，头长与头宽几乎一致；吻端钝尖，突出于下唇；吻棱不明显；鼻孔近吻端；鼓

小弧斑姬蛙（雄，正面）

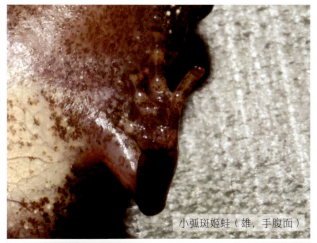

小弧斑姬蛙（雄，手腹面）

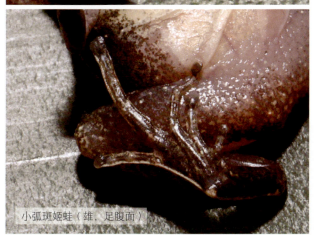

小弧斑姬蛙（雄，足腹面）

膜不显；无犁骨齿；舌窄长，后端无缺刻。雄蛙具单咽下外声囊，声囊孔长裂状。趾间具蹼迹；指端有小吸盘，背面具细微纵沟；趾吸盘大于指吸盘，背面有明显的纵沟；后肢较粗壮，向前伸贴体时，胫跗关节达眼，左右跟部重叠。体背皮肤较光滑，多呈粉灰色、浅绿色或浅褐色；从吻端至肛部有1条黄色细脊线，在脊线上有1个或2个深色小弧形斑，呈"（）"状；体两侧有纵行深色纹。

【生态习性】生活于海拔300～900m靠山坡的水田、园圃及水沟、水坑边的土隙或草丛中。繁殖季节为4—9月，卵产于静水域中，卵群成片。常以昆虫和蛛形纲的小动物为食，其中蚁类为主要食物。

【地理分布】雷公山见于昂英、石灰河、格头、小丹江、桃江。贵州省内见于雷山、绥阳、赤水、仁怀、江口、印江、松桃、兴义、兴仁、安龙、毕节、贵定、罗甸、贵阳、德江、剑河。国内见于贵州、四川、重庆、云南、广西、安徽、江苏、浙江、江西、湖南、福建、台湾、广东、海南。

姬蛙科
Microhylidae

姬蛙属
Microhyla Tschudi, 1838

42

饰纹姬蛙
Microhyla fissipes (Boulenger, 1884)

【**保护级别**】《中国生物多样性红色名录》无危（LC）物种，"三有"保护动物，IUCN红色名录无危（LC）物种。

【**鉴别特征**】指、趾末端圆而无吸盘及纵沟；体背部有2个前后相连的深棕色"∧"形斑，其第1个"∧"始于两眼间，斜向体后侧。

【**形态描述**】体形小，略呈三角形；雄蛙体长约22mm，雌蛙体长约23mm。头小，头长与头宽几乎一致；吻钝尖，突出于下唇；吻棱不明显；鼻孔近吻端；鼓膜不明显；无犁骨齿；舌长椭圆形，后端无缺刻。雄

饰纹姬蛙（雄，腹面）

饰纹姬蛙（雄，背面）

饰纹姬蛙（雄，手腹面）

饰纹姬蛙（雄，足腹面）

蛙具单咽下外声囊。趾间具蹼迹；指、趾端圆均无吸盘及纵沟；跗部外侧有肤棱；后肢较粗短，前伸贴体时，胫跗关节达肩部或肩前方，左右跟部重叠。体背皮肤粗糙，呈粉灰或灰棕色，其上有2个前后相连的深棕色"∧"形斑，第1个"∧"始于两眼间，斜向体后侧，密布小疣，部分个体背中线上的小疣排列成行；眼后至胯部常有一斜行大长疣；枕部常有一横肤沟，并向两侧延伸至肩部；肛周围小圆疣较多。

【**生态习性**】生活于海拔1200m以下的丘陵和山地的泥窝、土穴或草丛中。繁殖季节为3—8月；卵产于水田、静水坑、废粪池及雨后暂时性水洼里；卵群粘连成单层小片，略呈圆形，漂浮于水面。主要以蚁类为食，此外也捕食金龟子、叩头虫、蜻蜓等昆虫。

【**地理分布**】雷公山见于格头、乌东、小丹江、桃江、南宫。贵州省内见于正安、印江、德江、松桃、兴义、赤水、毕节、金沙、雷山、罗甸、贵阳、江口、榕江、桐梓、务川、绥阳。国内见于贵州、甘肃、云南、广西、湖北、江西、浙江、湖南、福建、广东、香港、澳门、海南。

姬蛙科
Microhylidae

姬蛙属
Microhyla Tschudi, 1838

花姬蛙（雄，腹面）

43
花姬蛙
Microhyla pulchra (Hallowell, 1861)

【保护级别】《中国生物多样性红色名录》无危（LC）物种，"三有"保护动物，IUCN红色名录无危（LC）物种。

【鉴别特征】趾间半蹼；指、趾端均无吸盘及纵沟；体背部有重叠相套的若干个粗细相间的深棕色"Λ"形斑；胯部及股后多呈柠檬黄色。

【形态描述】体略呈三角形，雄蛙体长约30mm，雌蛙体长33mm左右。头小，头宽大于头长；吻端钝尖，突出于下唇；吻棱不明显；鼻孔近吻端；鼓膜、鼓环不明显；无犁骨齿；舌后端圆。雄蛙具单咽下外

花姬蛙（雄，腹面）

花姬蛙（雄，手腹面）

花姬蛙（雄，足腹面）

声囊。趾间半蹼；指、趾端圆均无吸盘及纵沟；趾侧缘膜达趾端；后肢粗壮，向前伸贴体时，胫跗关节达眼，左右跟部重叠；胯部及股后多呈柠檬黄色。体背面皮肤较光滑，散有少量小疣粒；两眼间有棕黑色短横纹，眼后方至体侧后部有重叠相套的若干个粗细相间的深棕色"∧"形斑，整个背面花斑色彩醒目美丽。

【生态习性】生活于海拔1200m以下的水田、园圃及水坑的泥窝、洞穴或草丛中。繁殖季节为3—7月；卵产于水田或静水坑内；卵群紧密黏附，形成单层漂浮在水面上的薄片，略呈圆形。

【地理分布】雷公山见于桃江。贵州省内见于雷山、荔波、望谟、从江。国内见于贵州、甘肃、云南、江西、浙江、湖北、湖南、福建、广东、香港、澳门、海南、广西。

第二章

爬行动物

术语与分类描述

|一|
爬行动物分类术语

爬行类是首批真正的陆栖脊椎动物，距今已有28000多万年，极度繁盛于中生代。但在白垩纪出现了衰落，大量种类死亡而灭绝，目前全世界仅存9700种左右，分隶于5个目。

（一）龟鳖目形态及分类特征

龟鳖类为爬行动物中较为奇特的一类，躯干隐藏在背腹甲构成的骨匣中，头、尾、四肢外露。头骨上没有颞孔，也无顶孔。上下颌无齿，但颌缘被有角质硬鞘，用以切割食物。舌着生于口腔后部，伸缩性很小。鼻孔位于吻的前端，眼具有眼睑及瞬膜，瞳孔圆形，鼓膜位于眼后，没有外耳。嗅觉及触觉较发达。泄殖肛腔很大，可分为粪道、泄殖道及肛道三部分，但粪道与泄殖道分界不清，大肠及膀胱均在此开口。交接器单个，着生在肛道的腹壁上，体内受精，泄殖肛孔圆形或纵裂。均以肺呼吸。膀胱单个，水栖种类在泄殖肛腔两侧具有1对副膀胱，可营辅助呼吸。

龟鳖动物营陆栖或水栖；草食、肉食或杂食，耐饿能力很强，长期不吃食物也能生存；均为卵生；卵圆形或椭圆形，卵壳多为钙质，少数为革质软壳（海龟）。雌雄差异不明显，但多数雄龟尾部较长，泄殖肛孔的位置较后，有的种类雄龟的腹甲中央稍凹入，以此与雌龟相区别。

龟鳖目已知现存种类有13科89属270多种，遍布全球，其中，我国有6科22属38种，贵州现有2科4属5种。

龟鳖目种类的鉴别，主要依据骨骼的构造、吻突的长短、皮肤及头部鳞片的不同、四肢形状、背腹甲的大小和连接方式、骨板和盾片的数目、形状和排列等来区分。

1. 龟壳背甲的骨板

颈板（Nuchal plate）：

背甲腹面中央最前面的1块骨板，相当于颈盾变

为的骨板（图49）。

椎板（Neural plate）：

在颈板之后中央的1列骨板，与背椎的椎弓相愈合，通常为8块。

肋板（Costal plate）：

在椎板的两侧，常为左右各8块。

缘板（Peripheral plate）：

在肋板的外侧，是背甲边缘的骨板，常为左右各11块。鳖类的背甲没有缘板。

上臀板（Suprapygal plate）：

板椎之后，常有1~2块，由前至后分别称第1上臀板、第2上臀板。

臀板（Pygal plate）：

上臀板之后，单枚。

2. 龟壳背甲的盾片

椎盾（Vertebral scute）：

背甲正中的1列盾片，常为5枚。

颈盾（Cervical scute）：

椎盾前方，嵌于左右2枚缘盾间的1枚小盾片。

肋盾（Costal scute）：

在椎盾两侧，左右各4枚。

缘盾（Marginal scute）：

背甲左右边缘2列较小的盾片，一般左右各12枚。

上缘盾（Supramarginal scute）：

肋盾左右两侧与左右缘盾之间的2列细长的盾片，数量通常左右各为7~8枚不等。

3. 龟壳腹甲的骨板

腹甲骨板由11枚骨板组成，除内板成单外，其余10枚均成对（图50）。由前向后依次为上板、内板、舌板、间下板、下板及剑板。

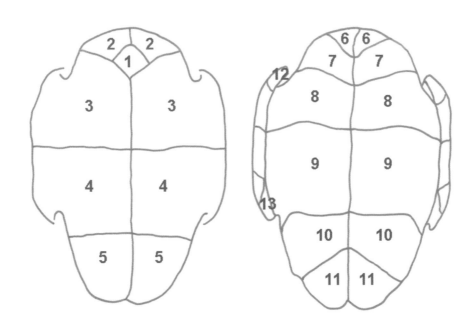

龟壳背甲的腹面（左，示骨板）及背面（右，示盾片）
（修自周婷，2004）

1. 椎盾；2. 颈盾；3. 肋盾；4. 缘盾；
5. 上缘盾；6. 臀盾；7. 颈板；
8. 椎板；9. 肋板；10. 缘板；
11. 上臀板；12. 臀板。

【图 50】
龟壳腹甲的背面（左，示骨板）及腹面（右，示盾片）
（修自伍律等，1985）

1. 内板；2. 上板；3. 舌板；4. 下板；
5. 剑板；6. 喉盾；7. 肱盾；8. 胸盾；
9. 腹盾；10. 股盾；11. 肛盾；
12. 腋盾；13. 胯盾。

上板（Epiplastron plate）：

腹甲最前缘1对骨板。

内板（Entoplastron plate）：

单枚，介于上板与舌板中央，形状与位置变化较大，或缺失。

舌板（Hyoplastron plate）：

又称中腹板，1对，位于上板、内板和中下板之间。

间下板（Mesoplastron plate）：

舌板和下板之间的1对盾片。

下板（Hypoplastron plate）：

间下板和剑板之间的1对盾片。

剑板（Xiphiplastron plate）：

腹甲最后1对盾片。

4. 龟壳腹甲的盾片

腹甲的盾片由6对左右对称的盾片和1枚间喉盾组成（图50）。由前至后依次为间喉盾、喉盾、肱盾、胸盾、腹盾、股盾及肛盾。

间喉盾（Intergular scutes）：

腹甲最前缘正中央1枚盾片。

喉盾（Gular scutes）：

间喉盾和肱盾之间的1对盾片。

肱盾（Humeral scutes）：

喉盾和胸盾之间的1对盾片。

胸盾（Pectoral scutes）：

肱盾和腹盾之间的1对盾片。

腹盾（Abdominal scutes）：

胸盾和股盾之间的1对盾片。

股盾（Femoral scutes）：

腹盾和肛盾之间的1对盾片。

肛盾（Anal scutes）：

腹甲后部的1对盾片。

5. 龟壳的甲桥

甲桥为腹甲舌板及下板向两侧延伸的部分，以骨缝或韧带与背甲相连接。此处外层的盾片有以下几种。

腋盾（Axillary scutes）：

靠近腋凹的盾片，左右各1枚。

下缘盾（Inframarginal scutes）：

腹甲的胸盾、腹盾与背甲的缘盾之间的几枚小盾片。

胯盾（Inguinal scutes）：

靠近胯凹的盾片，左右各1枚。

（二）有鳞目形态及分类特征

1. 蜥蜴亚目的形态及分类特征

蜥蜴亚目（LACERTILIA）动物在外形上可区分为头、颈、躯干及尾4个部分，多数种类具有五趾型的四肢，少数种类四肢退化，但肩带残存。体表被覆瓦状排列的角质鳞片，有些种类在鳞片下面还有真皮骨化所成的小骨片。角质表皮能周期性蜕落，多数种类系一片一片地蜕落，而体形像蛇的种类则整体蜕落。鼻孔1对，多为椭圆形，位于吻端两侧。眼较发达，有上下眼睑，下眼睑能活动（壁虎科动物除外）。舌多平扁，形状不一，能伸缩，但无舌鞘。外耳孔多为椭圆形，鼓膜常外露，有的则具有外耳道，也有中耳退化、鼓膜消失、耳柱骨和方骨合一的。

多数蜥蜴行昼间活动，捕食方式为静候或搜寻。遇到危险时，部分蜥蜴能断尾，断下的尾能迅速扭动以分散捕食者的注意，使蜥蜴得以逃脱。蜥蜴类有交接器1对，管状，位于泄殖肛腔后角外侧，交配时只用一侧的交接器，进行体内受精。多数为卵生，亦有卵胎生的种类。卵壳多为革质，胚胎具有钙质卵齿，除壁虎有1对外，其他种类都只有1个，为孵出时破壳之用，出壳后不久脱落。

蜥蜴类已知有3000多种，属20余科300多属，主要分布在热带及亚热带地区。我国已知有156种，隶属于9科39属，大都分布在长江以南各省。贵州已知有20种和亚种，隶属于5科11属，主要分布在贵州南部。

蜥蜴目种类的鉴别，科以上主要根据骨骼来分；科以下的还要按照鳞被（鳞的大小、形状、数目）的不同，眼、耳的位置及大小，四肢发达和退化的程度，趾的形态及缘饰，各种窝的有无及数量等特征加以区分。

（1）头部背面的鳞片

吻鳞（Rostral）：

1枚，在吻端中央。

吻后鳞（Postrostrals）：

与吻鳞后（上）缘相切的1枚或数枚小鳞。

上鼻鳞（Supranasal）：

在吻鳞之后，背面中央的1对鳞片，位于左右两鼻鳞之间，亦有无上鼻鳞的。

额鼻鳞（Frontonasals）：

在吻鳞或上鼻鳞之后，常为单枚，亦有成对的。

前额鳞（Prefrontals）：

在额鼻鳞之后的1对鳞片，有的种类只有1枚或多于1对。

额鳞（Frontal）：

在前额鳞之后、两眼之间的1枚鳞片。

额顶鳞（Frontoparietals）：

介于额与顶鳞之间的鳞片，通常成对。

顶间鳞（Interparietal）：

在额顶鳞之后中央的1枚鳞片。

顶鳞（Parietals）：

1对，在顶间鳞的两侧。

枕鳞（Occipital）：

为顶间鳞后面的1枚小鳞片，或有或无。

眶上鳞（Supraoeular）：

额鳞和额顶鳞外侧的1列鳞片，常为2～4对，也有5对的。

上睫鳞（Superciliaris）：

眼眶上方、眶上鳞外侧的1列小鳞，构成头背眶上方两侧的上睫脊。平砌、覆瓦或扭曲状排列。

颈鳞（Neck）：

紧接顶鳞后方的1对或几对鳞片，较其后的背鳞为大。

（2）头部侧面的鳞片

前鼻鳞（Prenasal）：

鼻鳞前方的1枚小鳞。

鼻鳞（Nasal）：

1～3枚，围于鼻孔周围。

后鼻鳞（Postnasals）：

在鼻鳞后方的小鳞，常不存在。

颊鳞（Loreals）：

位于鼻鳞或后鼻鳞后方的鳞片，1枚或2枚。

眶周鳞：

除前已提到的眶上鳞位于眶背外，眼眶周围细小粒鳞以外的若干稍大的小鳞片，视其位置可分为眶前鳞（Preocular）、眶后鳞（Postocular）与眶下鳞（Subocular）。

眼睑鳞（Palpebrals）：

被覆眼睑的鳞片，可分为上眼睑鳞（Upper palpebrals）与下眼睑鳞（Lower palpebrals）。部分种类没有。

颞鳞（Temporals）：

顶鳞与上唇鳞之间的较大鳞片，可分为前颞鳞及后颞鳞。有的种类没有颞鳞。

睑缘鳞（Ciliaries）：

上下眼睑游离缘的1行矩形小鳞。

眼鳞（Ocular）：

罩于眼外的1枚大鳞，见于退化穴居种类。

上唇鳞（Supralabials）：

位于吻鳞后面，上颌唇缘的1列鳞片。

下唇鳞（Infralabials）：

在颏鳞之后，沿下颌唇缘的1列鳞片。

（3）头部腹面前部的鳞片

颏鳞（Mental）：

1枚，在下颌前端正中，与上颌的吻鳞相对。

后颏鳞（Postmentals）：

在颏鳞之后，1枚或多于1枚，或有或无。

颌片（Chin-shields）：

在颏鳞或后颏鳞之后，常为2～4对，左右对称排列，与下唇鳞并列。

喉鳞（Gulars）：

头腹中央许多较小的鳞片。

喉褶（Gular fold）：

横跨颈腹、恰在前肢前方的皮肤皱褶，褶缘被细鳞，如腊皮蜥。

喉囊（Gular pouch）：

鬣蜥科一些种类雄性喉部皮肤延伸形成的囊状结构，常有鲜艳的颜色，可由动物控制伸长或缩小。

颈侧囊（Lateral flap）：

颈侧皮肤形成的囊状构造，如斑飞蜥。

领围（Ocllar）：

颈腹皮肤褶，褶缘具1排大鳞，如捷蜥蜴属与麻蜥属。

肩褶（Fold in front of the shoulder）：

肩前形成的皮肤皱褶，如鬣蜥科某些属种。

2. 蛇亚目的形态及分类特征

蛇亚目（SERPENTES）动物是爬行动物最后进化而形成的一支，它是高度特化的蜥蜴，起源于原始蜥蜴类的祖先。蛇类的化石很少，最早发现的是在白垩纪早期的地层中，但蛇实际上出现的时期当较此为早。

蛇和蜥蜴关系很密切，蛇类与某些蜥蜴共有一些特征，如没有四肢，而某些蜥蜴也没有四肢，但蛇类绝无前肢与肩带，而无四肢的蜥蜴也有肩带；长而深分叉的前舌，以及它可缩入后舌，与蜥蜴类共有此特征。

蛇类与蜥蜴相区别的特征：没有肩带及附肢；没有活动眼睑；没有外耳及鼓膜；没有上颞弓，鳞骨消失；头骨简化，泪骨、轭骨、方轭骨、上翼骨消失；由于额骨与顶骨侧突下延而脑匣完全封闭；脊椎有前后关节突；尾椎的脉突不在腹面汇合。

蛇类无外耳、鼓膜、鼓室及咽鼓管，不能感觉空气传来的声波，但能感知栖息场所的振动。蛇的嗅觉灵敏，鼻腔较大，被有嗅觉上皮。此外，口腔背部还有敏感的锄鼻器。蛇舌分叉，舌上缺少味蕾，没有味觉，舌伸出口外时，常不停地摆动，以黏附环境中的气味微粒，当其缩回口腔时，舌尖即经由鼻腭管伸入锄鼻器，接触嗅觉上皮而产生嗅觉。某些蛇类（蝮亚科）在头部两侧、眼的前下方有颊窝，是热感器和热测位器，对红外线特别敏感，能精确感知发射热线物体的位置。

蛇的椎体为前凹型，无胸骨，其肋骨腹端以韧带与腹鳞相连。上颌骨、腭骨、翼骨及下颌骨上大多着生有牙齿，在原始的种类中，其前颌骨上也有齿。齿的形状、数目和着生的位置是分类的一个重要特征。蛇齿有3种不同构造。第一种是实心的，见于原始的种类，游蛇科中过半数的种类是这种齿。第二种是沟状的，眼镜蛇科的毒牙长在上颌骨的前部，称前沟牙；游蛇科中的水游蛇亚科的毒牙着生在上颌骨的后部，称后沟牙。第三种是管状的，着生在上颌骨的前部，称管牙，蝰科的毒牙属于这一类。

雄蛇尾较长、基部较粗，具有交接器1对，位于尾基部两侧，称半阴茎。多为卵生，也有卵胎生的种类。蛇的肾为后肾，没有膀胱。

蛇类全身都被有角质鳞片。鳞片的形状、大小、数目和排列方式是鉴别种类的主要特征（图51）。

（1）头部背面从吻端到枕部的鳞片

鼻间鳞（Internasal）：

吻端后方，介于左右2枚鼻鳞之间，一般2枚，有的没有（两头蛇属），有的只有1枚（黄腹杆蛇）。

前额鳞（Prefrontal）：

鼻间鳞正后方的1对大鳞，有的种类只有1枚或纵裂成2枚以上。

额鳞（Frontal）：

前额鳞正后方的单枚大鳞，介于左右眶上鳞之间，略呈六角形或龟甲形。

顶鳞（Parietal）：

位于额鳞正后方的大鳞，正常1对，闪鳞科为前后2对。

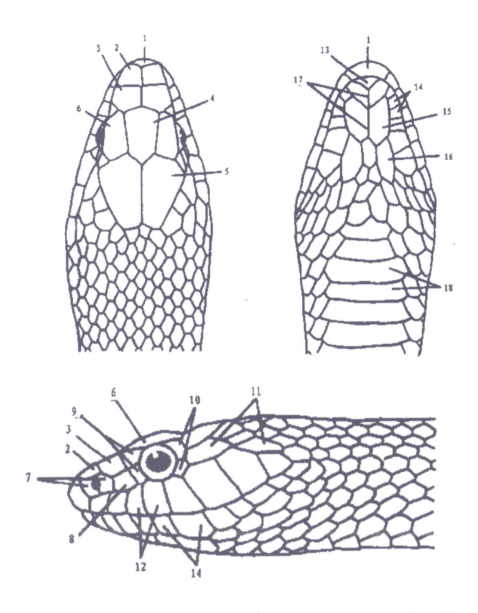

【图 51】
蛇头部鳞片

1. 吻鳞；2. 鼻间鳞；3. 前额鳞；4. 额鳞；5. 顶鳞；6. 眶上鳞；
7. 鼻鳞；8. 颊鳞；9. 眶前鳞；10. 眶后鳞；11. 颞鳞；12. 上唇鳞；
13. 颏鳞；14. 下唇鳞；15. 前颔片；16. 后颔片；17. 颔沟；18. 腹鳞。

顶间鳞（Inter parietal）：

闪鳞蛇科4枚顶鳞中央围绕的单枚鳞片。

枕鳞（Occipital）：

顶鳞正后方的1对大鳞片（眼镜王蛇头顶）。

鼻鳞（Nasal）：

鼻孔其上的鳞片，在吻鳞侧后方鼻间鳞两侧，左右各1枚，但有的种类鼻孔有鳞沟，有的裂为2枚。

眶上鳞（Supraocular）：

位于额鳞两侧、围成眼眶上缘的1对大鳞。

（2）头侧的鳞片

正常头侧的鳞片是左右两侧对称排列，也有因变异而左右不完全对称的。每侧由前至后依次如下。

鼻鳞（Nasal）：

鼻孔开口于其上的鳞片。有的种类鼻鳞为完整的1枚，有的种类为前后两半。

颊鳞（Loreal）：

介于鼻鳞与眶前鳞之间的较小鳞片，通常1枚。有的没有（如两头蛇属、眼镜蛇科等），有的多于1枚

（如鼠蛇）。

眶前鳞（Preocular, Praeocular）：

位于眼眶前缘，1枚至数枚。也有种类没有。

眶后鳞（Postocular）：

位于眼眶后缘，1枚至数枚。如没有时，则由颊鳞参与围成眼眶。

眶下鳞（Subocular）：

多数种类没有，由部分上唇鳞参与围成眼眶下缘。

颞鳞（Temporal）：

眼眶之后，介于顶鳞与上唇鳞之间，通常分为前后2列或3列。

（3）唇缘的鳞片

吻鳞（Rostral）：

位于吻端正中的1枚鳞片，其下缘（口缘）一般有缺凹，口闭合时，细长而分叉的舌可经此缺凹伸出。

上唇鳞（Supralabial, Superior labial）：

位于吻鳞两侧之后上唇边缘的鳞片，一般两侧对称，其数目有鉴别意义。

颏鳞（Mental）：

在下颌前缘正中的1枚鳞片，略呈三角形，与吻鳞相对应。

下唇鳞（Lower labial, Infralabial, Inferior labial, Sublabial）：

颏鳞之后，下颌两侧下唇边缘的鳞片都称下唇鳞，两侧对称或不对称。大多数蛇类的第1对下唇鳞在颏鳞之后彼此相切，将颏鳞与前颏片分开。下唇鳞的数目及其切前颏片的数目，有鉴别意义。

（4）头腹面的鳞片

颏片（Chinshield, Sublingual）：

颏鳞之后，左右下唇鳞之间的成对窄长鳞片。一般为2对，分别称前颏片和后颏片。前颏片左右2枚，常彼此相切，后颏片左右2枚则常有小鳞片将其分开。左右颏片之间形成的鳞沟称颏沟。

（5）躯干及尾部的鳞片

腹鳞（Ventral, Abdominal, Gastrostege, Scutum）：

躯干腹面、肛鳞之前、正中的1行较宽大的鳞片，统称腹鳞。腹鳞的大小和数目有鉴别意义。

肛鳞（Anal, Preanal, Postabdominal）：

最后一枚腹鳞之后、紧接于肛孔之处的鳞片叫肛鳞。为纵分的2片，或是完整的1片。

背鳞（Dorsal）：

被覆躯干部的鳞片，除腹鳞和肛鳞外，统称背鳞。背鳞排列前后汇成纵行，可以计算行数。计数一股取颈部（头后2个头长处）、中段（吻端到肛孔之间中点处）及肛前（肛孔前2个头长处）3项数据。可以式表示，如写作23-21-19，表示背鳞在颈部23行、中段21行、肛前19行。如果只写背鳞19行，一般多指中段行数。背鳞行数一般都是奇数，唯乌梢蛇属的背鳞行数为偶数。除行数外，背鳞的形状、排列方式、起伏或平滑以及起棱情况等，有鉴别意义。

尾下鳞（Subcnudal, Caudal, Urostege, Scutellum）：

尾腹面尾下鳞的计数及单行（成单）或双行（成对）有分类鉴别意义。

除鳞被特征外，以下几种结构也是分类检索常用到的性状。

上颌齿（Maxillary）：

上颌齿着生于上颌骨上，其数目、大小、排列方式、有无齿间隙（Diasterma）、有无后沟牙，都有鉴别意义。椎体下突（Hypapophysis，复数Hypapophyses）椎体下突在整个躯椎上都具有，或是前部躯椎才具有，或是后部躯椎上才具有，有分类鉴别意义。半阴茎是蛇类的交接器，成对，每侧的交接器称半阴茎（Hemipenis）。由于它是生殖器官，在生殖隔离上有一定的作用，因此有人强调它在种和属上的鉴别意义。

在现存爬行类动物中，蛇类的种数仅次于蜥蜴类，主要分布在热带和亚热带地区，少数分布于寒温带，栖息环境较为复杂，有水栖（淡水或海水）的、陆栖的、树栖的和穴居的种类。我国蛇类已知的有220余种，主要分布在长江以南各省份，尤以广东、广西、福建、贵州及云南为多。

|二| 雷公山爬行动物物种分类描述

龟鳖目
Testudines

鳖科
Trionychidae

鳖属 *Pelodiscus* Fitzinger, 1835

中华鳖
Pelodiscus sinensis (Wiegmann, 1835)

【保护级别】《中国生物多样性红色名录》濒危（EN）物种，"三有"保护动物，IUCN红色名录易危（VU）物种。

【鉴别特征】成体背盘长192～345mm，宽138～256mm，背、腹甲覆柔软革质皮肤；背部呈橄榄绿色，无明显斑点、斑纹；腹部呈灰白色；部分个体头部有条状花纹向眼后延伸；鼻孔似猪鼻且灵活；颈部较长；四肢均为5指、趾，内3指，趾具爪，指、趾间具蹼。

【形态描述】体背橄榄绿色；腹面灰白色，有灰黑色

中华鳖

排列规则的斑块；幼体裙边有黑色具浅色圆斑，腹部有对称的淡灰色斑点；部分个体头部有条状花纹向眼后延伸。

头中等大；吻长，形成肉质吻突；吻突长于或等于眼间距，等于或略短于眼径；鼻孔位于吻突端；眼小，瞳孔圆形；两颚有肉质唇及宽厚的唇褶，唇褶分别朝上下翻褶；颈长，颈背有横行皱褶而无显著瘰粒。

背甲卵圆形，其上被覆柔软的革质皮肤，无角质盾片。背甲前缘向后翻褶，光滑而有断痕，呈1列扁平疣状；后缘圆。正对颈项中线，骈列2枚平瘰粒。背甲中央有棱脊。盘甲上面有小瘰粒组成的纵棱，每侧7～10条，近脊部略与体轴平行，近外侧者呈弧形，与甲缘走向一致。骨质背板后的软甲部分有大而扁平的棘状疣，疣之末端尖出，游离。腹甲平坦光滑，可具7块胼胝，腹甲后叶短小。

四肢扁平，各具3爪，外侧2指、趾隐没在发达的蹼间，四肢无鳞片，前臂前缘有4条横向扩大的扁长条角质肤褶，排列略呈"晶"字形。胫跗后缘亦有一横向扩大的角质肤褶。指、趾均具3爪，满蹼。

雌鳖尾较短，不能自然伸出裙边，体形较厚。雄鳖尾长，尾基粗，能自然伸出裙边，体形较薄。

【生态习性】生活于江河、湖沼、池塘、水库等水流平缓、鱼虾繁生的淡水水域，深山溪流中也有出现。在安静、清洁、阳光充足的水岸边活动较频繁。喜晒太阳或乘凉风。食蚌、鱼虾、蟹及软体动物，偶食一些植物，主肉食性。卵生，繁殖季节为4—8月。

【地理分布】雷公山见于永乐、小丹江。贵州省内见于江口、印江、贵阳、遵义、务川、赤水、德江、松桃、兴义、清镇、金沙、榕江、从江、雷山、荔波、贵定、独山、平塘等地。国内见于除宁夏、新疆、青海及西藏外的各地。

II

有鳞目
Squamata

壁虎科
Gekkonidae

壁虎属
Gekko Laurenti, 1768

多疣壁虎
Gekko japonicus (Schlegel, 1836)

【保护级别】《中国生物多样性红色名录》无危（LC）物种，"三有"保护动物，IUCN红色名录无危（LC）物种。

【鉴别特征】指、趾间具蹼迹；体背粒鳞较小，疣鳞显著大于粒鳞；前臂和小腿有疣鳞；尾基部肛疣多数每侧3个。

【形态描述】吻鳞长方形，宽约为高的2倍，上缘中央

多疣壁虎（雄，正面）

多疣壁虎（雄，腹面）

无缺刻。鼻孔位于吻鳞、第1上唇鳞、上鼻鳞及2～3枚后鼻鳞间。2枚上鼻鳞被1枚（个别2枚）圆形小鳞隔开。上唇鳞9～13，下唇鳞8～13。颏鳞五角形。颏片弧形排列，内侧一对较大，呈长六角形，长大于宽，外侧一对较小；颏片变异多；体背被粒鳞。吻部粒鳞扩大，自鼻孔至眼的纵列鳞约15枚。眶间部横列鳞32～35枚。体背疣鳞显著大于粒鳞，呈圆锥状；颞部、枕部、颈背及肩部疣鳞甚多。过体中部处有12～14不规则列。体腹面被覆瓦状鳞，过体中部处约42～46列。四肢背面被小粒鳞，前臂粒鳞间有少量疣鳞，小腿粒鳞间的疣鳞较多。四肢腹面被覆瓦状鳞。指、趾间具蹼迹。雄性具肛前孔4～8个，多数6个。尾稍纵扁，基部每侧大多有3个肛疣，有些标本在肛疣之下有3～6个疣鳞。

尾背面被小覆瓦状鳞，每7～9行成1节。尾腹面的覆瓦状鳞较大，中央具1列横向扩大的鳞板。体背面灰棕色。多数有一黑色纵纹从吻端经眼至耳孔。头及躯干背面有深褐色斑，并在颈及躯干背面形成5～7条横斑。有些个体褐斑不明显。四肢及尾背面亦具褐色横斑，尾背的横斑9～13条。体腹面浅肉色。

【生态习性】常生活在住宅内及其附近，多在夜间活动。能吸附在墙壁、天花板或玻璃上。夏秋季常在墙上有灯光处捕食昆虫。繁殖季节为5—7月。

【地理分布】雷公山见于平祥、格头、方祥、桃江、西江、乌东、小丹江。贵州省内见于雷山、江口、松桃、贵阳、仁怀、赤水、龙里等地。国内见于山西、陕西、甘肃、四川、贵州、湖北、安徽、江苏、浙江、江西、湖南、福建、台湾等地。

石龙子科
Scincidae

蜓蜥属
Sphenomorphus Fitzinger, 1843

3

铜蜓蜥
Sphenomorphus indicus (Gray, 1853)

【保护级别】《中国生物多样性红色名录》无危（LC）物种，"三有"保护动物，IUCN红色名录无危（LC）物种。

【鉴别特征】体背古铜色，背中央有1条黑脊纵纹；体两侧各有1条黑色纵带；环体中段鳞行一般为34～38行；第4趾趾下瓣16～22枚。

【形态描述】体形中等。吻短而钝圆，吻长与眼耳间距略等长；吻鳞较大，呈三角形，宽略大于高，后缘与单枚额鼻鳞相接较宽；鼻孔位于单枚鼻鳞中部，开口在鼻鳞中央，无上鼻鳞和后鼻鳞；前额鳞一般不相接；额顶鳞相接较宽，顶间鳞较大，顶鳞在其后缘彼此相接；颊鳞2枚；眶上鳞4枚；上唇鳞大多数为7枚；

铜蜓蜥

铜蜓蜥

下唇鳞7枚；颏鳞1枚；后颏鳞1枚；颔片3对。体表被覆瓦状排列圆鳞，大小略相等，平滑无棱，体两侧鳞片较小；尾部腹面鳞片较宽大，肛前鳞4对。环体中段鳞行为34～38行。尾背鳞片几乎等大，其腹面正中一行鳞略扩大；尾易断，能再生。

四肢较弱，前后肢贴体相向时，指、趾相遇或达腕、掌、肘关节；指、趾侧扁，末端具爪；第4趾趾下瓣16～20枚。

体背古铜色，背脊部常有1条断断续续的黑脊纹，其两侧的黑色或褐色斑点缀连成行；从头、体侧至尾部两侧各有一条占3～4鳞行宽的黑色纵带，黑纵带上缘有1条明显的窄的浅色细纵纹；腹面色浅无斑；四肢背面黄棕色，间杂黄色和浅色小点。

【**生态习性**】生活在平原或山区草丛、乱石堆、道旁和水沟边。卵胎生，每次产仔6～8条。主食各种昆虫，也食蜘蛛、田螺等。

【**地理分布**】雷公山大部分区域均有分布。贵州省内见于印江、贵阳、绥阳、赤水、兴义、安龙、毕节、金沙、威宁、雷山、贵定、罗甸等地。国内见于河南、陕西、甘肃、西藏、四川、云南、贵州、湖北、安徽、江苏、浙江、江西、湖南、福建、台湾、海南、广西。

石龙子科
Scincidae

石龙子属
Plestiodon Wiegmann, 1834

4

中国石龙子
Plestiodon chinensis (Gray, 1838)

【保护级别】《中国生物多样性红色名录》无危（LC）物种，"三有"保护动物，IUCN红色名录无危（LC）物种。

【鉴别特征】体形较粗壮；有上鼻鳞，无后鼻鳞；后颏鳞2枚；有5条浅色纵纹，背中部1条在头部不分叉，侧纵纹由断续斑点缀连而成，背面和腹面散布浅色斑点；老年个体浅线纹不甚明显，斑点和蓝色亦消失，颈侧及体侧红棕色。

【形态描述】头顶有对称排列的大鳞；吻钝圆，吻鳞大，背面可见；鼻鳞小，鼻孔位于鼻鳞中央，将鼻鳞分为前后两半，中间有1条明显的缝线；一般无后鼻鳞；上鼻鳞1对；额鼻鳞一般被额鳞前端分隔，少有

中国石龙子

相接；前额鳞显著大于上鼻鳞，相接构成中缝沟；额鳞相对短，其长度约等于额顶鳞与间顶鳞之和；额顶鳞一般大于前额鳞，相接构成鳞沟；顶鳞1对，彼此分离；颈鳞1～3对；间顶鳞1枚。顶眼清晰。颊鳞2枚；眶前下鳞2枚，眶后下鳞4枚；1枚较小的眶前鳞，下面有1列逐渐变小的粒鳞；2枚小的眶后鳞，下面的1枚较大，眶上鳞4枚；上睫鳞一般8枚；下眼睑被鳞，有少数扩大的鳞片，有2行小粒鳞将它与眶下鳞分隔；颞鳞1+2+3，第1列颞鳞相对较小，第2列上颞鳞长，略呈扇形，第2列下颞鳞与上颞鳞接近或等大，第3列颞鳞窄长，碎裂为小鳞，在枕部进入耳区；颞部较宽；上唇鳞7枚，第1枚与前颊鳞相接，后面5枚唇鳞显著高大于前面的唇鳞，后面的2枚唇鳞等大或最后1枚最大，并接近耳孔部位；下唇鳞6枚；颏鳞中等大，与唇鳞缘仅略长于吻鳞；后颏鳞2枚，不对称，前后排列，后枚大于前枚；颌片3对，内侧缘长显著大于宽；耳孔小，前缘具2～3枚瓣突，周围有18～20枚鳞片，鼓膜深陷。

体鳞平滑，圆形，覆瓦状排列。耳孔后的颈部一周有32～34枚鳞，颈部最细小部一周有鳞26～29枚；环体中段鳞22～26行，一般24行；肛前鳞8枚，中间1对最大，侧面的渐次变小，外侧鳞重叠于内侧鳞之上；肛后侧鳞略有区分，无棱鳞；尾长为头体长的1.5倍左右，尾腹面正中1行鳞扩大，从基部至尾端约90枚鳞片。

四肢发达，前后肢贴体相向时，指趾端恰相遇，或不相遇或相重叠；前肢前伸时，指端可达眼；腋区覆盖小鳞，前肢基部一周有13～14枚鳞片，腕部有2枚结节鳞，指式为Ⅲ＞Ⅳ＞Ⅱ＞Ⅴ＞Ⅰ，后肢基部无小鳞，跗部的一团结节鳞有6枚，后面的最大，后肢基部一周鳞约有18枚；股部后面有和它略相区别的鳞片，膝部有2对大的

垫状板鳞、后对最大，有时分离；仅在第4趾基部添加鳞行，趾式为Ⅳ＞Ⅲ＞Ⅴ＞Ⅱ＞Ⅰ；第4趾趾下瓣为14～17枚。身体常有5条浅色纵线，背正中一条在头部不分叉，侧纵线由断续斑点缀连而成，背面和腹面散布浅色斑点。生活时，成体背面橄榄色，头部棕色，颈侧及体侧红棕色，雄蜥更显著，有的体侧散布黑斑点，腹面白色。各地区石龙子色斑亦有差异：贵州石龙子生活时头背棕色，背面灰褐色，颈部及体侧有红棕色斑纹，雄性体色鲜艳。体侧有零星分散的黑斑；腔面灰白色。幼体背面灰黑色，体鳞绿色暗淡，体背有浅黄色纵线纹3条；成体纵纹不清晰，并随个体年龄的增长而逐渐消失。

【生态习性】栖息于低海拔的山区、平原耕作区，住宅附近公路旁边草丛中及树林下的落叶杂草中、丘陵地区青苔和茅草丛生的路旁、低矮灌木林下和杂草茂密的地方均可见石龙子。白天活动，常发现其在路旁、田间、土埂或石块不动，伺机捕食。

【地理分布】雷公山见于格头、永乐、毛坪、桥歪、南老、桃江、西江。贵州省内见于雷山、江口、松桃、遵义、赤水、德江、金沙、毕节、榕江、贵定、独山。国内见于贵州、四川、云南、湖北、安徽、江苏、浙江、江西、湖南、福建、台湾、广东、海南、广西。

石龙子科
Scincidae

石龙子属
Plestiodon Wiegmann, 1834

蓝尾石龙子幼体

5

蓝尾石龙子
Plestiodon elegans (Boulenger, 1887)

【保护级别】《中国生物多样性红色名录》无危（LC）物种，"三有"保护动物，IUCN红色名录无危（LC）物种。

【鉴别特征】有上鼻鳞；无后鼻鳞；后颏鳞1枚；颈鳞1对；股后有1团大鳞；成体褐色侧纵纹显著；幼体背面5条浅黄色纵纹，尾末端蓝色。

【形态描述】头顶有对称排列的大鳞；吻高、吻长与眼耳间距相等；上鼻鳞中等大，在吻鳞之后彼此相接；额鼻鳞宽大，不与吻鳞相接，一般与额鳞和颊鳞相接；前额鳞比额鼻鳞小，彼此分离，与两枚颊鳞相接，和额鼻鳞相接构成较宽的缝沟；额鳞长大于额顶鳞与间项鳞之和，并显著长于它到吻端的距离；额顶鳞长大于宽，或长宽相等，构成之中缝沟等于它长度

蓝尾石龙子

的一半；间顶鳞比额顶鳞小，后部窄，将顶鳞分隔；顶鳞大，最宽处约为长度的3/4；颈鳞1对。

　　鼻孔位于单枚鼻鳞的前部；无后鼻鳞；前颊鳞宽不大于高的2倍，略高于后颊鳞，一般高为长的3/4，与上鼻鳞、额鼻鳞和2枚唇鳞相接；后颊鳞五边形，长宽约相等，与第2、第3枚唇鳞相接；上睫鳞6～8枚，前部鳞比后部鳞大3倍，中间4枚睑鳞直接与上睫鳞相接；眶上鳞4枚，第2枚最大，前3枚与额鳞相接；1枚眶前鳞小；2枚眶后鳞；眶前下鳞2枚；眶后下鳞4枚；颞鳞1+2枚，第1枚颞鳞大，长方形，边缘与2枚第2列颞鳞相接；第2列上颞鳞大，近于三角形，顶端向前，其后的2枚大小相等的鳞片，垂直排列，与颈部大鳞相接；第2列下颞鳞长方形。上唇鳞7枚，第1枚比它紧接的3枚鳞略高大，第7枚唇鳞最大，和耳孔间隔1行小鳞；下唇鳞7枚，第6枚最大；颏鳞大，显著大于吻鳞；后颏鳞1枚；颔片3对，前对最小，第3对最大，后接1枚窄长鳞片。耳孔卵圆形，周围约有鳞20枚，鼓膜深陷；耳后颈部一周有鳞32～36枚。体鳞平滑，覆瓦状排列，背中段鳞行略大于相邻侧鳞，环体中段鳞26～28行；肛前鳞8枚。中间1对特大，外侧鳞小，部分重叠于内侧；肛后鳞强烈起棱；肛部两侧各有一棱鳞，雄性尤为明显。尾长不到头体长的1.5倍，尾下面正中1行鳞横向扩大，约有105枚。四肢贴体相向时，指趾不遇，或恰相通，或超越；前肢前伸时，指端可达眼；前肢基部一周约有鳞15枚，腕外侧粒鳞显著，紧邻2枚或3枚小鳞片；掌部有4枚大小不等的粒鳞；每指基部皮瓣扩大加厚；后肢基部一周有18枚鳞，股部后方有1团不规则排列的3～4行大鳞；膝部

有2对垫状粒鳞；指趾侧扁，具爪，基部鳞片密集，第4趾趾下瓣一般为16～18枚。生活时，成体雄性背面棕黑色，有5条浅黄色纵纹。雌性成体背面色深暗，5条纵纹尤为显著；正中1条浅纵线纹，在间顶鳞部位分叉向前沿额鳞两侧到吻部，向后延伸到尾背的1/2处；2条背侧浅纵线，从前额鳞或上睫鳞起，自眼上方，经顶鳞外缘沿背侧第3行鳞片向后延至尾部2/3以上；体侧2条浅纵线从第7枚唇鳞起经耳孔上方沿体侧第6、第7行鳞延伸至胯部；体侧线下缘有一较宽的深褐色带状纹，向腹部渐浅，融入腹面浅灰色。

【生态习性】一般生活在山区路旁草丛、石缝或树林下溪边乱石堆中。多见于有阳光照射的山坡，受惊扰后立即进入草丛、土洞或石缝。以各种昆虫为主食。

【地理分布】雷公山见于桃江、桥歪、格头、毛坪、南老、小丹江。贵州省内见于印江、松桃、遵义、绥阳、赤水、望谟、毕节、榕江、雷山、荔波、贵定、独山、罗甸等地。国内见于河南、四川、云南、贵州、湖北、安徽、江苏、浙江、江西、湖南、福建、台湾、广东、广西等地。

蜥蜴科
Lacertidae

草蜥属
Takydromus Daudin, 1802

6

峨眉草蜥

Takydromus intermedius (Stejneger, 1924)

【保护级别】《中国生物多样性红色名录》近危（NT）物种，"三有"保护动物，IUCN红色名录无危（LC）物种。

【鉴别特征】头背鳞片正常；体背覆起棱大鳞，排成纵行；体侧被粒鳞；鼠蹊孔每侧2个，偶有3个者。

【形态描述】雄性全长（61+173）mm，雌性全长（58+162）mm。头长大于头宽；吻部渐窄而末端钝圆；吻鳞宽大于高，从背面仅可见其上缘；额鼻鳞1枚，略呈六角形；其后为1对楔形前额鳞，彼此相切较多；额鳞六角形，窄长，位于左右眶上鳞之间；眶上鳞每侧前后4枚，其中中间2枚最大，最后1枚甚

峨眉草蜥

小，最前1枚极小；眶上鳞外缘为1列4～5枚细窄的睫鳞组成上睫脊，上睫脊与眶上鳞之间嵌有1列细小的粒鳞；额鳞之后为1对额顶鳞，彼此相切甚多；再后为1对顶鳞；顶鳞外侧缘切3～5枚鳞；顶鳞与额顶鳞4枚鳞片中央围有1枚顶间鳞，顶间鳞与左右顶鳞后缘之间嵌入的1枚小鳞常相切或不切。头侧的大鳞由前向后依次为鼻鳞、颊鳞、眶前鳞与眶后鳞。鼻鳞略呈菱形，鼻孔开于其中央下缘靠近上唇鳞，开口向后外方；菱形鼻鳞的前半较大，揳入吻鳞上缘与额鼻鳞前外缘之间，后半揳入第1上唇鳞上缘与前颊鳞前缘之间；左右鼻鳞在吻鳞上方吻背相切甚多。鼻鳞之后为2枚颊鳞，后颊鳞大于前颊鳞。眼位于头侧，约为鼻孔与耳孔之间的中部，大小适中，不特别突出，瞳孔圆形，下眼睑被鳞，眼的前与后有较小的眶前鳞与眶后鳞各若干枚，在眼前角下方、后颊鳞与眼正下方较高而具棱的上唇鳞之间有1枚较大亦具棱的眶前下鳞。眼与耳孔之间被覆粒鳞，耳孔较大，小于眼径，竖立半圆形或略近椭圆形，有1～3枚细窄鳞片围绕于耳孔前缘上半部，耳周其余都是粒鳞；外耳道略下陷，鼓膜位于浅表处。上唇鳞5～7枚，以6枚最多，位于眼正下方的1枚最大且高，上部具棱。头腹前端为1枚馒头形的颏鳞；下唇鳞每侧56枚；颔片4对，由前向后渐次增大，前面的14对颔片左右彼此相切，其后的颔片左右分开不切；头腹其余都是排列整齐、竖横成行的平滑而略凸起的小鳞，向后逐渐过渡为颈腹较大、游离缘中央尖出的棱鳞；有领围，游离缘有鳞8～11枚。躯干背面有覆瓦状排列的起棱大鳞6纵行，中央2纵行之间通常还嵌有1行较小的棱鳞，一部分标本躯干前半往往嵌有2行棱鳞；体侧被覆粒鳞与较小的棱鳞；躯干腹面有覆瓦状排列的大鳞6纵行，两侧最外行多有弱棱，中央4行平滑，鳞片游离缘中央尖出。四肢较纤弱，前后肢贴体相向时，指、趾超越较多；指、趾细长，各指、趾末节较近端各节为细，其基部尤为侧扁，与近端各节略呈一弓角；指、趾均具爪，爪位于背腹2枚鳞片之间；第4趾趾下瓣23～30枚

鳞片。上臂前外侧被覆起棱大鳞，后内侧及腕关节内侧被粒鳞；前臂外侧被较大棱鳞，内侧被平滑鳞片；股前侧被大鳞，背侧者起棱而腹侧者平滑，股后内侧与膝关节内侧被粒鳞；胫外侧被较小棱鳞，内侧被平滑鳞片，其中一行特别宽大。泄殖肛孔横裂，肛前鳞中央1枚最大，两侧各有1（2）枚较小。尾圆柱形，尾长约为头体长的2倍，基部略膨大，末端尖细，被覆起棱大鳞，排列成环，但不分为节。有鼠蹊孔，成体与幼体均可见到，每侧2（少数为3）个。

【生态习性】 栖息于海拔650～1300m的丘陵或山区林下落叶及乱石堆中或草丛中。食物以昆虫为主。卵生。

【地理分布】 雷公山分布于方祥、格头。贵州省内见于兴义、雷山、赤水。国内见于云南、贵州、四川。

蜥蜴科
Lacertidae

草蜥属
Takydromus Daudin, 1802

7

北草蜥
Takydromus septentrionalis (Günther, 1864)

【保护级别】《中国生物多样性红色名录》无危（LC）物种，"三有"保护动物，IUCN红色名录无危（LC）物种。

【鉴别特征】背部起棱大鳞通常6行，腹鳞8行且起棱；尾长为头体长的2～3倍；背面棕绿色。

【形态描述】吻部较窄，吻端锐圆，吻鳞不入鼻孔，通常与额鼻鳞略相接，将左右上鼻鳞隔开；鼻孔开口于鼻鳞、后鼻鳞与第1枚上唇鳞之间；额鼻鳞较大，长宽几乎相等；前额鳞的前1/3相接，并略小于顶鳞；额鳞长大于宽，小于顶鳞；额顶鳞1对，中缝相接；顶鳞是头部最大的一对鳞片，其外缘有1排较长的棱

北草蜥（雄，背面）

北草蜥（雌，背面）

鳞；顶间鳞很小；顶眼清晰；枕鳞甚小，比顶间鳞短，通常为1～2枚小鳞片或顶鳞的中接线，把枕鳞与顶间鳞隔开；眶上鳞4枚，第1、第4枚很小，第2、第3枚较大；上睫鳞4或5枚，第1、第2枚最长；颊鳞2枚，后1枚较前者长；上唇鳞通常7枚，第5枚最大，位于眼下方；下唇鳞5枚；颏片通常3对；颞鳞小，微棱；耳孔上方边缘有3枚较大鳞，其中一枚尤为窄长；鼓膜上有1枚狭而长的鼓鳞；领围鳞由11～12枚较尖且起棱鳞片组成。背鳞大，起棱，前段多为7行，中段为6行，后段5行，中间1行或2行较小。腹部起棱大鳞8行，靠外侧2～3行起棱更明显；腹部鳞片近方形；从领围到肛前鳞之间，腹鳞为26～31横列。肛前鳞光滑，具有2条隆起线，在其两侧各有2枚鳞片。背腹之间体侧为粒鳞，近背侧1行，近腹侧2～3行，起棱。四肢背面的鳞片近棱形且起棱，也有粒状鳞。鼠蹊孔

1对；趾下瓣单个或部分分开，大多数为23～29个。尾鳞强棱，尖端具有短锐突，在尾基背面鳞的棱形成非常硬的脊。

生活时，整个背面为棕绿色，腹面灰白色或灰棕色，头侧近口缘和体侧近腹部色浅。眼及肩部有1条窄的线状纵纹，边缘齐整。

【生态习性】生活于山区草丛中，有时也见于农田、道边、菜地、茶园中或灌木林下。以昆虫成虫及其幼虫为食。卵生。

【地理分布】雷公山见于永乐、桥歪、桃良、南老、毛坪、小丹江、格头。贵州省内见于江口、松桃、贵阳、遵义、绥阳、正安、务川、仁怀、赤水、德江、毕节、金沙、榕江、雷山、荔波、贵定、独山、惠水等地。国内见于吉林、河南、陕西、甘肃、四川、贵州、湖北、安徽、江苏、浙江、江西、湖南、福建、台湾、广东。

鬣蜥科
Agamidae

龙蜥属
Diploderma Gray, 1853

8

丽纹龙蜥
Diploderma splendidum (Barbour et Dunn, 1919)

【保护级别】《中国生物多样性红色名录》无危（LC）物种，"三有"保护动物，IUCN红色名录无危（LC）物种。

【鉴别特征】鼓膜被鳞，有喉褶；鼻鳞与吻鳞间相隔1枚小鳞，鼻鳞与第1上唇鳞相接或相隔1枚小鳞；眼下方有一黄绿色线纹与上唇缘平行，体背侧有一黄绿色宽纵纹；尾长超过头体长的2倍；后肢贴体前伸时，最长趾端到达鼓膜前方与眼中部之间。

【形态描述】雄蜥全长（100+245）mm，雌蜥全长（100+229）mm。背面棕黑色，满布黄绿色斑纹。眼下方从鼻鳞到口角有一黄绿色线纹与上唇缘平行，

丽纹龙晰

其下缘镶一清晰的黑色细线纹与上唇鳞相隔；雄蜥体侧有平直黑边的绿色宽纵纹，两侧纵纹间有分散的浅色斑点或大约成等距离的绿色细横纹；雌蜥体侧为波状黑边的绿色窄纵纹，其上有绿色横纹分隔；背脊有5～7个不规则的大斑块；头背及头侧下方有不规则的绿色斑纹。四肢背面有深浅相间的横纹，尾部有15～18个深浅相间的环纹。腹面色浅，咽喉部有分散的深色小点或由小点缀成的深色纵线纹，胸腹部无斑纹。头背腹扁平；吻鳞宽为高的2倍以上，上缘与2～4枚小鳞相接；吻棱明显，与上睑脊相连续；鼻孔圆形，位于单片卵圆形鼻鳞之上；鼻鳞与吻鳞之间相隔1枚小鳞，鼻鳞与第1上唇鳞相接或相隔1枚小鳞；上唇鳞7～8枚，个别为9枚，眼与上唇鳞间有1行白色大鳞与上唇缘平行，二者间相隔1行窄长的黑色小鳞片；下唇鳞7～9枚，内侧有1行大鳞与下唇缘平行，大鳞与下唇鳞之间相隔1～2行小鳞。头背其余鳞片大小不等，粗糙而并列。眼眶后方与鼓膜上方之间有3～4枚扩大的棱鳞形成的一短斜行，其后上方有分散的刺状鳞；颈鬣不发达，由7～11枚侧扁的鳞片组成；雌蜥颈鬣微弱仅呈锯齿状，背鬣由前向后逐渐减弱。肩褶较弱，与喉褶相连续，褶部被小鳞。体侧被以覆瓦状棱鳞，其间大棱鳞略成纵行排列；腹面鳞片大小一致，明显起棱，小于背部之大鳞。四肢大小适中，指趾细长，第3、第4指几等长，第4趾长于第3趾而短于胫长；后肢贴体前伸时，最长趾端达鼓膜前方与眼中部之间，尾长为头体长的2倍以上；四肢及尾被以大小均匀的起棱大鳞。

雄蜥头呈三角形，颞部隆肿，体略侧扁，尾基部膨大。雌蜥头呈椭圆形，颞部正常，体略呈背腹扁平，尾基部正常。

【生态习性】栖息于海拔380～2520m的山区，常见于灌丛杂草间、公路旁岩石上或碎石间。捕食瓢虫、椿象等昆虫。卵生。

【地理分布】雷公山见于格头。贵州省内见于雷山。国内见于河南、陕西、山西、西藏、四川、云南、贵州、湖北、福建、湖南、甘肃。

蛇蜥科
Anguidae

脆蛇蜥属
Dopasia Daudin, 1803

脆蛇蜥

9

脆蛇蜥
Dopasia harti (Boulenger, 1899)

【保护级别】国家二级保护野生动物，《中国生物多样性红色名录》濒危（EN）物种，IUCN红色名录无危（LC）物种。

【鉴别特征】鼻鳞与前额鳞间有2枚大鳞片；前额鳞1对，有时互相分离；耳孔较小，且小于鼻孔；背鳞16～19纵行。

【形态描述】无足，外观似蛇形，全长500mm左右，尾长约占全长的3/5以上。背面肉色，两侧略偏紫，雄性还有长短不一的翡翠色横斑；腹面黄白色。头背以单枚的前额鳞、额鳞及间顶鳞较大；吻鳞与前额鳞间相隔2枚小鳞；眼小，眼径约为吻长的1/3；耳孔小，几乎与鼻孔等大。躯干两侧有纵沟，纵沟上方的背鳞14～16行，中央8～10行具棱；纵沟以下的腹鳞10行。尾腹面鳞片具棱，受惊扰时，尾易自截为数段，自断处能再生一部分。

【**生态习性**】营穴居生活。黄昏后外出活动捕食，以蚯蚓、昆虫为食。卵生，8月间产卵于枯叶下或石下，一般产卵5枚，雌蜥有盘伏卵上的习性。

【**地理分布**】雷公山见于永乐、方祥、桃江。贵州省内见于雷山、赤水、望谟、安顺、荔波、独山。国内见于云南、四川、贵州、安徽、江苏、浙江、湖南、福建、台湾、广西。

闪皮蛇科
Xenodermidae

脊蛇属
Achalinus Peters, 1869

`10`

黑脊蛇
Achalinus spinalis (Peters, 1869)

【保护级别】《中国生物多样性红色名录》无危（LC）
物种，"三有"保护动物，IUCN红色名录无危（LC）
物种。

【鉴别特征】头较小，与颈区分不显著；眼中等大
小；鼻间鳞沟短于前额鳞沟；颞鳞2+2，下枚前颞鳞
入眶甚多；背鳞通身23行，全部起棱或仅两侧最外一
行平滑，脊鳞不扩大。

【形态描述】体呈圆柱状，头颈区分不明显。背面棕
黑色，略具金属光泽，背脊有一深黑色纵线，从顶鳞
后缘向后延伸至尾末端，占脊鳞及两侧各半枚鳞；腹

黑脊蛇

鳞色略浅。吻鳞小，三角形，从背面仅能见到它的上缘鼻间鳞沟短于前额鳞构；颊鳞1枚入眶；没有眶前鳞及眶后鳞。眼中等大小，眼径约等于从它的下缘到口缘的距离；颞鳞2+2，2枚前额鳞均入眶或仅上枚入眶，第3列上额鳞在顶鳞之后相隔1~4枚小鳞（枕间鳞）；上唇鳞6（3-2-1）枚，下唇鳞5枚，前3对切前颏片，颏片2对，通常前颏片长于后颏片。背鳞窄长，被针形，通身23行，全部起棱或仅两侧缘外一行平滑而扩大。腹鳞雄蛇144~163枚，雌蛇154~176枚；肛鳞完整；尾下鳞单行，雄蛇50~69枚，雌蛇

40~54枚。

【生态习性】栖息于丘陵、山区林下。穴居，以蚯蚓为食。平时隐匿于地下，夜晚或者雨天上地面活动。

【地理分布】雷公山分见永乐、仙女塘。贵州省内见于雷山、印江、龙里、道真、水城。国内见于甘肃、四川、云南、贵州、湖北、安徽、江苏、浙江、江西、湖南、福建、广西。

闪皮蛇科
Xenodermidae

脊蛇属
Achalinus Peters, 1869

11

青脊蛇
Achalinus ater (Bourret, 1937)

【保护级别】《中国生物多样性红色名录》无危（LC）物种，"三有"保护动物，IUCN红色名录无危（LC）物种。

【鉴别特征】背面黑色，略具金属光泽；腹面黑褐色，腹鳞游离缘色浅；枕部有一黄褐色斑块，头腹面黄白色。

【形态描述】体细长，头颈区分不明显。鼻间鳞沟长于前额鳞沟，颊鳞1枚向后入眶较多，无眶前鳞及眶后鳞。眼中等大小，眼径等于其下缘到口缘的距离。

青脊蛇

瞳孔圆形。吻鳞三角形，宽超过高，从背面见到部分较少，下缘缺刻深。颞鳞2+2，前颞鳞2枚均入眶，两侧第3级颞鳞上枚在顶鳞之后相切或不相切；上唇鳞6（3-2-1）枚，第1枚最小，向后依次增大，最后一枚的长度约等于前5枚长度之和；下唇鳞5或6枚，第1对在颞鳞之后彼此相切，前3对切前颔片；颔片2对，前颔片大于后颔片；背鳞窄长，披针形，通身23行，均具棱；腹鳞为160～170枚；肛鳞完整；尾下鳞单行，56～70枚。

【生态习性】栖息于海拔1600～1880m的山区，地下穴居，以蚯蚓为食。

【地理分布】雷公山分布于桃江、冷竹山。贵州省内见于雷山、兴义、荔波。国内见于广西、贵州、甘肃。

钝头蛇科
Pareidae

钝头蛇属
Pareas Wagler, 1830

12

平鳞钝头蛇
Pareas boulengeri (Angel, 1920)

【保护级别】《中国生物多样性红色名录》无危（LC）物种，"三有"保护动物，IUCN红色名录无危（LC）物种。

【鉴别特征】前额鳞入眶，没有眶前鳞，颊鳞入眶甚多，背鳞平滑无棱。

【形态描述】头较大；吻端宽钝；头颈区分明显；躯干略侧扁；背面浅棕黄色，其上有由黑点缀连成的横纹；腹面颜色浅淡；头背面自眶上鳞有一黑线纹，延伸至头后，与由顶鳞起始向后延伸的黑线相会合，呈粗黑线，而后断断续续；头侧有一黑色细线纹，从眼

平鳞钝头蛇

后延伸到口角。颊鳞1枚，后端入眶；没有眶前鳞。眼大，瞳孔纵置，椭圆形。眶下鳞与眶后鳞愈合。颞鳞2+3，个别1+2；上唇鳞7或8枚，不入眶，由前向后依次增大，最后1枚最长；下唇鳞8枚，少数一侧为7或9枚，前4枚切前颔片，个别一侧为5或3枚；颔片3对，交错排列；背鳞平滑，通身15行；脊鳞不扩大；尾下鳞2行；肛鳞完整。

【**生态习性**】生活于山区林间。以蜗牛、蛞蝓为食。卵生。

【**地理分布**】雷公山见于桃江、西江、雷公坪、响水岩。贵州省内见于赤水、江口、兴义、安龙、清镇、雷山。国内见于四川、云南、贵州、安徽、浙江、江西、福建、广东、广西。

钝头蛇科
Pareidae

钝头蛇属
Pareas Wagler, 1830

13

中国钝头蛇
Pareas chinensis (Barbour, 1912)

【保护级别】《中国生物多样性红色名录》无危（LC）物种，"三有"保护动物，IUCN红色名录无危（LC）物种。

【鉴别特征】前额鳞入眶，有眶前鳞，颊鳞不入眶或仅尖端入眶，上颌齿5～6枚。

【形态描述】体形偏扁，头颈区分明显。上唇鳞7～8枚，下唇鳞7～9枚；前额鳞入眶；颊鳞1枚，不入眶或仅有尖端入眶；眶前鳞1～2枚，眶前鳞与眶下鳞愈合为一；前颞鳞2～3枚，后颞鳞3枚；背鳞15行，平滑

中国钝头蛇

或中央3～7行微棱；雄性腹鳞172～184枚，雌性腹鳞169～189枚；肛鳞1枚；雄性尾下鳞65～84对，雌性尾下鳞57～84对；上颌齿5～6枚。背面棕褐色，具有细黑点缀连而成的横纹；腹面色淡，间杂有黑褐色小斑点。

【**地理分布**】雷公山见于桃江、西江、乌东、格头、方祥。贵州省内见于赤水、江口、兴义、安龙、清镇、雷山。国内见于四川、云南、贵州、安徽、浙江、江西、福建、广东、广西。

【**生态习性**】栖息于海拔310～1800m的山区。以蜗牛和蛞蝓为食。卵生。

钝头蛇科
Pareidae

钝头蛇属
Pareas Wagler, 1830

14
福建钝头蛇
Pareas stanleyi (Boulenger, 1914)

【保护级别】《中国生物多样性红色名录》无危（LC）物种，"三有"保护动物，IUCN红色名录无危（LC）物种。

【鉴别特征】前额鳞入眶，没有眶前鳞，颊鳞入眶甚多，背鳞中央5～7行，起微棱。

【形态描述】背面淡黄色，具有略呈横行的黑点，或形成断续的横带；腹面带黄白色，散有稀疏的棕黑色斑点；头背面从鼻鳞之后到颈部，有一大黑斑块，自颈向后分裂为二纵线，有一黑线纹从眼眶向后达颈

福建钝头蛇

部。吻鳞宽度超过高度，从背面隐约可见；鼻间鳞短于前额鳞，前额鳞后外侧入眶；额鳞六边形，额鳞长度超过宽度，长于从吻端到它的距离，短于顶鳞。没有眶前鳞，颊鳞1枚，长大于宽，向后入眶甚多；眶后鳞1枚，眶下鳞1枚，或眶后鳞与眶下鳞愈合为一。颞鳞2+2枚或2+3枚。上唇鳞7或8枚，最后一枚最长，均不入眶；下唇鳞7或8枚，前4枚切前额片，颔片3对，第1对长大于宽。背鳞通身15行，除两侧最外一行其余均具棱。腹鳞154～158枚，肛鳞完整，尾下鳞44～48对。雄蛇半阴茎达第17枚尾下鳞，在第6枚尾下鳞处分叉，具萼片状物而无刺。上颌齿每侧4～8枚。

【地理分布】雷公山见于方祥、小丹江、响水岩。贵州省内见于雷山、荔波。国内见于江西、浙江、贵州、四川。

游蛇科
Colubridae

林蛇属
Boiga Fitzinger, 1826

绞花林蛇（色斑变异）

绞花林蛇

15

绞花林蛇
Boiga kraepelini (Stejneger, 1902)

【保护级别】《中国生物多样性红色名录》无危（LC）物种，"三有"保护动物，IUCN红色名录无危（LC）物种。

【鉴别特征】中段背鳞21行；颞区鳞片小，不成列；头大，与颈区分明显；尾细长，脊鳞不扩大或者略大于相邻背鳞。

【形态描述】头较大，吻钝圆，颈较细，躯干甚长；尾细长，有缠绕性。背面灰褐色到浅紫褐色，正背有1行粗大而不规则、镶黄边的深棕色斑块，有的地方前后相连呈波状纹；体侧各有1行棕色点斑。腹面黄白色，密布棕褐色或浅紫褐色斑点。头背灰褐色或浅紫褐色，有一深棕色"^"形斑，始自吻端，分支达额角；眼后有一棕色纵纹达颈鳞；上唇及头腹黄白色，散以深褐色斑。颊鳞1枚，不入眶；眶前鳞2枚，眶后鳞2枚；颞区鳞片较小；上唇鳞9枚；颔片2对，前对显著大于后对，后对往往被小鳞分开；下唇鳞11～14对，前4或5对切前颔片。背鳞21-21-17行，脊鳞不扩大或略大于相邻背鳞，其余排成斜行，均平滑无棱；腹鳞雄性231～237枚，雌性220～239枚；肛鳞二分；尾下鳞雄性126～147对，雌性127～135对。

【**生态习性**】生活于山区或丘陵。有攀缘习性，常栖于溪沟旁柳木上或见于茶山矮树上，亦发现于流溪中的岩石上和住宅附近。多于晚上外出活动。以鸟、鸟卵及蜥蜴为食。卵生。

【**地理分布**】雷公山分布于乌东、方祥、永乐、小丹江。贵州省内见于江口、印江、遵义、绥阳、务川、赤水、榕江、雷山、荔波。国内见于浙江、安徽、福建、台湾、江西、湖南、广东、香港、海南、广西、贵州、四川。

游蛇科
Colubridae

小头蛇属
Oligodon Boie, 1827

龙胜小头蛇

16

龙胜小头蛇
Oligodon lungshenensis (Zheng et Huang, 1978)

【保护级别】《中国生物多样性红色名录》近危（NT）物种，"三有"保护动物，IUCN红色名录近危（NT）物种。

【鉴别特征】背鳞通体15行，上颌齿8枚与饰纹小头蛇 *O. ornatu* 相近似，但本种无鼻间鳞。

【形态描述】背面棕褐色，具有4条棕黑色纵纹，由颈部伸至尾部，每条纵纹都被棕色镶黑边的（9～12条）波状横纹（9～12条）所间隔，每条横纹系由4个波峰

龙胜小头蛇

状斑并连而成；头上有3个黑色倒"V"字形纹，最后一个与颈背4条黑纵纹相连；腹面橘红色，大多数腹鳞及尾下鳞的两侧或一侧有黑色长方块斑。吻鳞显露于头部背面；鼻间鳞和颊鳞均缺失；前额鳞2枚，其前缘与吻鳞邻接，其外缘包向头侧和第2枚上唇鳞相接触；额鳞六角形，长超过宽，长度超过其与吻端的距离，唯稍短于顶鳞；眶前鳞1枚，眶后鳞2枚；前颞鳞2枚，在下面的前颞鳞嵌入第5枚上唇鳞和第6枚上唇鳞之间；后颞鳞2枚；上唇鳞6（2-2-2）枚，第1枚最小；下唇鳞7枚，第4枚最大，前3枚切前颔片；颔片2对，前颔片远超过后颔片；背鳞光滑，通体15行，每一背鳞间杂黑色纤细斑点；腹鳞166～180枚；肛鳞2枚；尾下鳞31～38对。半阴茎长可达第5对尾下鳞。

【生态习性】生活于海拔800～1500m山区中林木荫蔽处，以及水流较急而清凉的、阴河、岩洞和深水潭中。主要以蟹、蛙、鱼、虾以及水生昆虫成虫和幼虫等为食。繁殖季节在7—9月。一般产卵300～1500粒，卵多以单粒排列，呈念珠状。

【地理分布】雷公山分布于永乐、方祥、乌东。贵州省内见于赤水、雷山、江口等地。国内见于广西、贵州。

游蛇科
Colubridae

小头蛇属
Oligodon Boie, 1827

中国小头蛇

中国小头蛇

17

中国小头蛇
Oligodon chinensis (Günther, 1888)

【保护级别】《中国生物多样性红色名录》无危（LC）物种，"三有"保护动物，IUCN红色名录无危（LC）物种。

【鉴别特征】中段背鳞17行；头后和颈背有一箭形黑褐色斑纹，背面有约等距的黑褐色宽横纹14～19条。

【形态描述】一般全长600mm，雄性最大全长（520+124）mm，雌性最大全长（625+104）mm。背部褐色或灰褐色，全身有14～16条距离约相等的黑褐色横纹，有如秤杆上的秤花，各横纹之间具有多数波状纤细的黑纹，有时在背正中有1条金黄色纵纹；

头上有褐色斑点，两眼间具有一黑褐色横纹，向左右延经眼达于第5、第6枚上唇鳞；颈部具有一箭形黑褐色斑纹，其尖顶达到额鳞后部；腹鳞淡黄色，有侧棱，呈白色，前后相连成白色纵纹；体前段腹鳞一侧或两侧略似方形的黑斑，体后段腹鳞几乎整片黑色。吻鳞三角形，由背面可以看到一部分；鼻间鳞倾斜，宽远超于长；前额鳞比鼻间鳞大；额鳞六角形，长度和顶鳞相等，远超过其与吻端的距离；颊鳞1枚；眶前鳞1枚，眶后鳞2枚，个别1枚；前颞鳞1或2枚，很少3枚；后颞鳞2枚，个别1或3枚；上唇鳞多数8（3-2-3）枚，少数7（2-2-3，3-2-2或3-1-3）枚，个别6（2-2-2）枚；下唇鳞7～9枚，多数8枚，前4枚切前额片。背鳞光滑，17-17-15行；腹鳞雄性177～191枚，雌性187～197枚；肛鳞1枚；尾下鳞雄性58～65对，雌性48～58对。

【生态习性】生活于平原及山区，嗜食爬行类的卵。

【地理分布】雷公山见于方祥、乌东、桃江。贵州省内见于望谟、安龙、榕江、雷山、荔波、独山。国内见于河南、云南、贵州、安徽、江苏、浙江、江西、湖南、福建、广东、广西。

游蛇科
Colubridae

小头蛇属
Oligodon Boie, 1827

18

紫棕小头蛇
Oligodon cinereus (Günther, 1864)

【保护级别】《中国生物多样性红色名录》无危（LC）物种，"三有"保护动物，IUCN红色名录无危（LC）物种。

【鉴别特征】体背有黑褐色波浪状横纹；背鳞17-17-15行。

【形态描述】一般全长500mm左右，雄性最大全长（462+75）mm，雌性最大全长（494+52）mm。背面紫棕色；头背面和颈背部无斑纹；体背有一系列距离相等的黑褐色波浪状横纹，许多背鳞的边缘黑色；

紫棕小头蛇

腹面黄白色，腹鳞无2行黑点。这些体色和花纹都与台湾小头蛇相似，但显著的区别就是本种的头背、眼间及头后都无斑纹。有鼻间鳞；颊鳞1枚；眶前鳞2枚；眶后鳞2枚；上唇鳞8（3-2-3）枚，下唇鳞8枚，前3枚切前颔片。背鳞17-17-15行，腹鳞153～168枚；肛鳞1枚；尾下鳞33～43对。

【生态习性】栖息于山区丘陵地带的草坡中。以昆虫、蜘蛛及甲虫的幼虫为食。卵生。

【地理分布】雷公山见于冷竹山。贵州省内见于贵阳、雷山、荔波。国内见于云南、贵州、福建、广东、广西、海南。

游蛇科
Colubridae

翠青蛇属
Cyclophiops Boulenger, 1888

翠青蛇

19

翠青蛇

Cyclophiops doriae (Boulenger, 1888)

【保护级别】《中国生物多样性红色名录》无危（LC）物种，"三有"保护动物，IUCN红色名录无危（LC）物种。

【鉴别特征】头背具9枚大鳞，背面纯绿色，背鳞通体15行，肛鳞2枚。

【形态描述】背面草绿色，下颌、咽部及腹部黄绿色，下颌边缘及颌沟有绿色斑点。吻端窄圆，吻鳞宽大于高，背面可见；鼻间鳞沟短于前额鳞沟；额鳞长大于宽，长大于其至吻端距离；顶鳞较额鳞长；

鼻孔卵圆形，位于鼻鳞前部；颊鳞1枚，长大于高；眼大，眼径大于眼到口缘距离，瞳孔圆形；眶前鳞1枚，眶后鳞2枚：前颞鳞1枚，后颞鳞2枚；上唇鳞8（3-2-3）枚；下唇鳞6枚，前4枚与前颔片相切，第6枚很长，约为前5枚的2/3；颔片2对，前颔片较后颔片为大。背鳞平滑无棱，通体15行；腹鳞雄性155～177枚，雌性158～186枚；肛鳞二分；尾下鳞雄性61～93对，雌性63～93对。

【**地理分布**】雷公山分布于乌东、白岩、毛坪、永乐、桥歪、桃江。贵州省内见于江口、印江、松桃、绥阳、正安、湄潭、仁怀、赤水、德江、兴义、望谟、册亨、毕节、金沙、榕江、从江、雷山、荔波、贵定、平塘、罗甸、龙里、长顺、沿河。国内见于上海、浙江、安徽、福建、江西、湖北、湖南、海南、广西、四川、贵州、陕西、甘肃。

【**生态习性**】多活动在耕作区的地面或树上，或隐居于石下。以蚯蚓和昆虫为食。卵生。

游蛇科
Colubridae

白环蛇属
Lycodon Boie, 1826

黄链蛇
Lycodon flavozonatus (Pope, 1928)

【保护级别】《中国生物多样性红色名录》无危（LC）物种，"三有"保护动物，IUCN红色名录无危（LC）物种。

【鉴别特征】体中段背鳞17行，中央5～9行起棱；颊鳞不入眶；有50-96+13-28个约占半片鳞长的黄色窄横斑。

【形态描述】体形较细长，全长一般800mm左右。头宽扁，头颈略能区分。眼小，瞳孔直立椭圆形。头背、体背黑色，具50-96+13-28个黄色窄横斑，横斑

黄链蛇

宽度约为半枚鳞长，在最外侧第5或第6行背鳞处分叉延伸至腹鳞，尾后部分叉不明显；枕部具一倒"V"字形黄斑，前端达顶鳞后缘，后端延伸至两侧口角；腹面灰白色，尾下鳞有黑色斑点。颊鳞1枚，窄长而小，不入眶；眶前鳞1枚，偶为2枚，眶后鳞2枚；前颞鳞、后颞鳞3枚；上唇鳞8（2-3-3）枚；下唇鳞10枚，前5（4）枚切前颔片。背鳞17-17-15行，中央5～9行微弱起棱；腹鳞具侧棱，雄性211～237枚，雌性203～220枚；肛鳞完整；尾下鳞雄性65～102对，雌性70～88对。上颌齿12～13枚；前端一组齿渐次增大，中间组齿较小而等大，最后一组齿最大。半阴茎延伸到第12～13对尾下鳞处，乳突不明显，基部几乎平滑。

【**生态习性**】生活于山区森林、流溪、水沟草丛附近，夜间或傍晚活动。以蜥蜴、小蛇为食。

【**地理分布**】雷公山分布于永乐、乌东、毛坪、格头、小丹江。贵州省内见于雷山、江口。国内见于安徽、浙江、江西、福建、贵州、广东、广西。

游蛇科
Colubridae

白环蛇属
Lycodon Boie, 1826

21

黑背白环蛇
Lycodon ruhstrati (Fischer, 1886)

【保护级别】《中国生物多样性红色名录》无危（LC）物种，"三有"保护动物，IUCN红色名录无危（LC）物种。

【鉴别特征】颊鳞和鼻间鳞不邻接；眶前鳞不与额鳞邻接；全身有黑白相间环纹，在躯干部有2～46条，在尾部有11～22条，仅在尾部的环纹围绕周身。

【形态描述】背部具有20～46条黑色宽环纹和11～22条白色或淡黄色窄环纹相间排列，横纹中央散有浅褐色，在颈部的一节黑环纹最宽；每一腹鳞有1条宽

黑背白环蛇

窄不同的暗灰色横纹，有的横纹与背部黑环纹相连接形成完整的环纹或者仅在尾部形成完整的环纹。吻鳞由背面稍可见，宽倍于高；鼻间鳞远比前额鳞小；额鳞长稍超于宽，长度仅有顶鳞的一半；颊鳞不切鼻间鳞，不入眶；眶前鳞1枚，不与额鳞邻接，眶后鳞2枚；前颞鳞2枚，后颞鳞2枚；上唇鳞8（2-3-3）枚；下唇鳞9（10）枚，前4（5）枚切前额片；额片2对，前额片和后额片长度相近；背鳞光滑，17-17-15行；腹鳞雄性200～230枚，雌性197～227枚；肛鳞1枚；尾下鳞雄性76～100对，雌性75～95对。

【生态习性】生活于山地。以蜥蜴为食。卵生。

【地理分布】雷公山见于乌东、格头、毛坪、西江。贵州省内见于印江、务川、江口、松桃、黄平、剑河、雷山等地。国内见于江苏、浙江、安徽、福建、台湾、江西、湖南、广东、广西、四川、陕西、贵州、甘肃。

游蛇科
Colubridae

白环蛇属
Lycodon Boie, 1826

22

赤链蛇
Lycodon rufozonatus (Cantor, 1842)

【保护级别】《中国生物多样性红色名录》无危（LC）物种，"三有"保护动物，IUCN红色名录无危（LC）物种。

【鉴别特征】背鳞平滑无棱；体黑褐色，有51-87+12-30个红色窄横斑；颊鳞常入眶。

【形态描述】吻端前突且宽圆，头宽扁，头颈略能区分；眼小，瞳孔直立椭圆形。头背黑色，枕部有红色倒"v"字形斑，有时不明显；体背黑色，有51-87+12-30个红色横斑，横斑间隔2～4枚鳞，横斑宽度

赤链蛇

占1～2枚鳞长。腹面灰黄色，腹鳞两侧杂以黑褐色点斑。颊鳞1枚，窄长，一艇入眶；眶前鳞1枚；眶后鳞2枚；颞鳞2+3枚；上唇鳞8（2-3-3或3-2-3）枚。背鳞19-17-15行，平滑，或仅在肛前中央几行微弱起棱；腹鳞具侧棱，雄性188～224枚，雌性184～222枚；肛鳞完整；尾下鳞雄性45～95对，雌性46～88对。

【**生态习性**】生活于山地、丘陵及平原地区，多在稻田、水塘、园地、路边、住屋及近水的草丛中生活，常在傍晚出来活动。捕食鱼、蛙、蟾蜍、蜥蜴、蛇、幼鸟及鼠类等。

【**地理分布**】雷公山分布于乌东、格头、小丹江、永乐、桃江、交密、昂英等。贵州省内见于江口、印江、松桃、遵义、桐梓、绥阳、正安、务川、湄潭、仁怀、赤水、德江、清镇、金沙、榕江、雷山、平塘、龙里。国内分布于河北、山西、辽宁、吉林、黑龙江、江苏、浙江、安徽、福建、台湾、江西、山东、河南、湖北、湖南、广东、海南、广西、四川、贵州、云南、陕西、甘肃。

游蛇科
Colubridae

白环蛇属
Lycodon Boie, 1826

23

花坪白环蛇
Lycodon cathaya (Wang, Qi, Lyu, Zeng et Wang, 2020)

【保护级别】《中国生物多样性红色名录》无危（LC）物种，"三有"保护动物，IUCN红色名录无危（LC）物种。

【鉴别特征】头部黑色，具1个脏粉色宽横斑；体背及尾背具脏粉色横斑，少部分横斑融合；背鳞17-17-15行，光滑；上唇鳞8枚，3枚入眶，下唇鳞9枚；尾腹面呈浅棕色。

【形态描述】头部宽且扁，与颈部区分明显。吻端圆

花坪白环蛇

且前突，鼻鳞裂开，鼻孔较大；颊鳞1枚，入眶；眶前鳞1枚；眶后鳞2枚；上唇鳞8枚，3枚入眶，下唇鳞9枚；颔片2对；前颞鳞2枚，后颞鳞3枚。背鳞17-17-15行，光滑；腹鳞199～204枚，前腹鳞2枚；尾下鳞78枚，肛鳞完整。

头部黑色，具1个脏粉色宽横斑，占据头背大部。体背面以黑褐色为主，体背及尾背具脏粉色横斑，具31-35+13-16条脏粉色横斑，少部分横斑融合。脊部中央横斑宽度约占3枚背鳞长，从脊侧开始加宽，至体侧相邻横纹有相接趋势。体侧具不规则黑斑，位于脏粉色横斑之间，成列至尾部。腹鳞两边灰白色，中央为1条整齐的棕褐色黑斑。尾腹面呈浅棕色。

【生态习性】生活于高原、山地地区，多在园地、路边、森林及近水的草丛中生活，常在傍晚出来活动。捕食蛙、蟾蜍、幼鸟等。

【讨论】花坪白环蛇为2020年新发布种，之前在贵州未见分布报道。2023年8月，其首次在雷公山发现，本书通过进行分子生物学鉴定和形态比较，基于 *Cytb* 基因构建系统发育树显示分布于雷公山的花坪白环蛇与模式产地广西花坪的花坪白环蛇聚为一支，两者遗传距离为0%，远小于白环蛇属物种间的遗传距离。因此，结合形态学比较和分子生物学鉴定结果，本书确认该种为花坪白环蛇。

【地理分布】中国特有种。雷公山见于乌东、格头。贵州省内仅记录分布于雷山。国内见于广西、湖南、贵州。

游蛇科
Colubridae

玉斑锦蛇属
Euprepiophis Fitzinger, 1843

24

玉斑锦蛇

Euprepiophis mandarinus (Cantor, 1842)

【保护级别】《中国生物多样性红色名录》近危（NT）物种，"三有"保护动物，IUCN红色名录无危（LC）物种。

【鉴别特征】体背灰色或紫灰色，背中央有1行黑色菱形大块斑镶着黄边及黄色中心；头背黄色，具有明显的黑斑；背鳞平滑。

【形态描述】体背灰色或紫灰色，背中央具有1行黑色菱斑18-31+6-11个，这些块斑的中心及边缘黄色；体

玉斑锦蛇

两侧具有如芝麻大的紫红色斑点；腹面灰白色，散布着交互排列的灰黑色斑；头背黄色，具有明显的黑斑。颊鳞1枚；眶前鳞，眶后鳞2枚；颞鳞2（1）+3（2）枚；上唇鳞7（2-2-3）枚；下唇鳞9枚，前4枚切前颔片；背鳞平滑，23-23-19行；腹鳞雄性181～233枚，雌性207～237枚；肛鳞二分；尾下鳞双行，雄性58～75行，雄性53～74行。

【生态习性】生活于山区森林，常栖息于山区居民点附近的水沟边或山上草丛中，平原家屋旁也曾发现。以鼠类等小型哺乳动物及蜥蜴、蜥蜴卵为食。卵生。

【地理分布】雷公山见于乌东、格头、毛坪、桃江、山湾、西江。贵州省内见于雷山、江口、印江、松桃、遵义、桐梓、绥阳、务川、湄潭、仁怀、赤水、兴义、望谟、清镇、毕节、榕江、贵定。国内见于北京、天津、辽宁、上海、江苏、浙江、安徽、福建、贵州、台湾、江西、湖北、湖南、广东、广西、四川、云南、西藏、陕西、贵州、甘肃等地。

游蛇科
Colubridae

紫灰锦蛇属
Oreocryptophis Utiger, Schatti et Helfengberger, 2005

25

紫灰锦蛇
Oreocryptophis porphyraceus (Cantor, 1839)

【保护级别】《中国生物多样性红色名录》无危（LC）物种，"三有"保护动物，IUCN红色名录无危（LC）物种。

【鉴别特征】头体背紫铜色，头背有3条黑色纵纹；体尾背有淡黑色横斑块；背鳞平滑，在颈部鳞列不超过19行。

【形态描述】体尾背紫铜色，具有9-17+2-6块近马鞍形淡黑色横斑，每斑占3～5行鳞片宽，少数标本横斑不

紫灰锦蛇

甚明显；此外，体背还有2条黑纵线，或纵贯全身，或仅见于体后段；腹面玉白色，无斑纹；头背紫铜色，有3条纵黑纹，1条在头顶中央，2条在眼后。颊鳞1枚；眶前鳞1枚，眶后鳞2枚；额鳞1+2枚；上唇鳞8（3-2-3）枚；下唇鳞8～11枚，前4～5枚切前颌片；背鳞平滑，19-19-17行；腹鳞雄性178～202枚，雌性180～214枚；肛鳞二分；尾下鳞雄性49～77对，雌性50～69对。

【生态习性】 栖息于山区森林、山路旁、玉米地、山间溪旁及山区居民点附近。捕食鼠类等小型哺乳动物。卵生。

【地理分布】雷公山见于乌东、格头、毛坪、西江、桥歪、南老。贵州省内见于江口、绥阳、赤水、兴义、威宁、都匀、雷山。国内见于河南、甘肃、西藏、四川、云南、贵州、安徽、江苏、浙江、江西、湖南、福建、台湾、广东、海南、广西。

游蛇科
Colubridae

锦蛇属
Elaphe Fitzinger, 1833

26

王锦蛇

Elaphe carinata (Günther, 1864)

【保护级别】《中国生物多样性红色名录》易危（VU）物种，"三有"保护动物，IUCN红色名录无危（LC）物种。

【鉴别特征】体形粗大，头体背黑黄相杂，头背面有似"王"字样的黑纹；背鳞除最外侧1～2行平滑外，均强烈起棱，中段背鳞21行以上；腹鳞绝大多数200片以上。

【形态描述】体背鳞片四周黑色，中央黄色；体前部具有黄色横纹；体后部横纹消失，其黄色部分似油菜

王锦蛇

花瓣；腹面黄色，具黑色斑；头背鳞缘黑色，中央黄色；前额形成"王"字样黑纹，故名王锦蛇。

鳞片变化较大。颊鳞1枚，个别2枚；眶前鳞1（2）枚，绝大多数有1片眶前下鳞；眶后鳞2枚；颞鳞2+3；上唇鳞8（3-2-3）枚；下唇鳞9～11枚，前4或5枚切前额片；背鳞23-23-19行，除最外侧1～2行平滑外，均强烈起棱；腹鳞雄性203～227枚，雌性206～226枚；肛鳞二分；尾下鳞双行，雄性73～102枚，雌性69～96枚。

【生态习性】常于山地、丘陵的杂草荒地发现，平原地区也有分布，是一种行动迅速而凶猛的无毒蛇，善于上树，以蛙类、蜥蜴类、蛇类、鸟类、鼠类及爬行类的卵和鸟类的卵为食，食性广而贪食。卵生。

【地理分布】雷公山广泛分布，见于乌东、格头、小丹江、桃江、方祥等地。贵州省内见于雷山、江口、印江、松桃、桐梓、绥阳、正安、务川、仁怀、赤水、德江、兴义、清镇、毕节、金沙、威宁、榕江、贵定、独山、惠水、龙里。国内见于北京、天津、上海、江苏、浙江、安徽、福建、台湾、江西、河南、贵州、湖北、湖南、广东、广西、四川、贵州、云南、陕西、甘肃。

游蛇科
Colubridae

锦蛇属
Elaphe Fitzinger, 1833

27

黑眉锦蛇
Elaphe taeniura (Cope, 1861)

【保护级别】《中国生物多样性红色名录》易危（VU）物种，"三有"保护动物，IUCN红色名录易危（VU）物种。

【鉴别特征】体形较大；头体背黄绿色或棕灰色，眼后有明显的黑纹；体前中段有黑色梯状或蝶状斑纹，至后段逐渐不显；从体中段开始，两侧有明显的黑纵带达尾端；背中央数行，背鳞稍有起棱。

【形态描述】头体背黄绿色或棕灰色；体背前中段具黑色梯状或蝶状斑纹，至后段逐渐不显；从体中段开始，两侧有明显的4条黑色纵带达尾端；腹面灰黄色

黑眉锦蛇

或浅灰色，两侧黑色；上下唇鳞及下颌淡黄色，眼后具一明显的眉状黑纹延至颈部。颊鳞1枚，眶前鳞1（2）枚，眶后鳞2枚；颞鳞2+3枚；上唇鳞变化大，有9（4-2-3）枚或8（3-2-3）枚，亦有其他的；下唇鳞9～13片，前4～6片切前额片；背鳞25-25-19行，背中央9～17行微棱；腹鳞雄性222～265枚，雌性230～267枚；肛鳞二分；尾下鳞雄性68～122对，雌性87～107对。

【地理分布】雷公山广泛分布，常见于乌东、格头、毛坪、西江等地。贵州省内见于雷山、江口、印江、松桃、遵义、桐梓、绥阳、正安、务川、湄潭、仁怀、赤水、德江、兴义、望谟、册亨、安龙、清镇、毕节、金沙、威宁、荔波、贵定、龙里。国内见于北京、天津、山西、上海、浙江、江苏、安徽、福建、台湾、江西、河南、湖北、湖南、海南、广西、重庆、贵州、四川、云南、西藏、陕西。

【生态习性】生活在平原、丘陵及山地等处，喜在住屋及其附近栖居，也常在稻田、玉米地、河边及草丛中活动。捕食鼠类、鸟类、蛙类及昆虫等。卵生。

游蛇科
Colubridae

树栖锦蛇属
Gonyosoma Wagler, 1828

28

灰腹绿锦蛇

Gonyosoma frenatum (Gray, 1853)

【保护级别】《中国生物多样性红色名录》无危（LC）物种，"三有"保护动物，IUCN红色名录无危（LC）物种。

【鉴别特征】全身翠绿色；吻部较长，无颊鳞；眼较大，瞳孔圆形，眼前后有1条黑色带纹；尾细而长，有缠绕性。

【形态描述】体细长，尾更细长；全身背面翠绿色，腹面淡黄色；腹鳞两侧有侧棱，一直延伸到尾端；眼大，瞳孔圆，眼前后有1条黑色纵带；上下唇鳞及咽

灰腹绿锦蛇

部呈灰白色。颊鳞无；眶前鳞1枚，眶后鳞2枚；颞鳞2（1）+3（2）枚；上唇鳞8（2-3-3）枚；下唇鳞偶有9或11枚，前5枚切前颔片；背鳞19-19-15行，除最外侧1～3行，均弱棱；雄性腹鳞210～227枚，雌性200～222枚；肛鳞二分；尾下鳞雄性120～149对，雌性120～145对。

【**生态习性**】生活于丘陵山地森林中，树栖。以鸟类、鼠类及蜥蜴为食。卵生。

【**地理分布**】雷公山见于西江、白岩、桥水、乔洛。贵州省内见于雷山、江口、印江、绥阳、务川、赤水、独山。国内分布于浙江、安徽、福建、河南、广东、广西、四川、贵州。

游蛇科
Colubridae

鼠蛇属
Ptyas Fitzinger, 1843

29

乌梢蛇
Ptyas dhumnades (Cantor, 1842)

【保护级别】《中国生物多样性红色名录》易危（VU）物种，"三有"保护动物，IUCN红色名录无危（LC）物种。

【鉴别特征】背中央2～4行鳞起棱；背面绿褐色或棕黑色，背侧2条黑纹纵贯全身。

【形态描述】背部绿褐色或棕黑色；前段腹鳞多呈黄色或土黄色，后段由浅灰黑色渐变为浅棕黑色；头、颈区别显著；瞳孔圆形；鼻孔开口子前后二鼻鳞间；吻鳞自头背可见，宽大于高；鼻间鳞为前额鳞长的

乌梢蛇

2/3，前额鳞短于额鳞；颊鳞1枚；眶前鳞2枚，上枚大于下枚；眶后鳞2枚，大小一致；颞鳞2（1）+2（1）枚；上唇鳞8（3-2-3）枚，第7枚最大；下面鳞8～10枚，前4～5枚与前颔片相切；后颔片长于前颔片；背鳞16-16-14行。腹鳞雄性192～206枚，雌性191～205枚；肛鳞二分；尾下鳞雄性95～137对，雌性98～131对。

【生态习性】 生活在平原、丘陵地带，也可分布到海拔1570m的高原地区。常见于农耕区水域附近活动，行动迅速而敏捷。主食蛙类、小鱼、蜥蜴及鼠类等。卵生。

【地理分布】 雷公山广泛分布，常见于毛坪、小丹江、桃江等地。贵州省内见于雷山、遵义、桐梓、绥阳、正安、湄潭、务川、仁怀、赤水、江口、印江、德江、松桃、兴义、望谟、毕节、金沙、榕江、贵定、平塘、龙里。国内见于上海、江苏、浙江、安徽、福建、台湾、河南、湖北、湖南、广东、广西、四川、贵州、云南、陕西、甘肃。

游蛇科
Colubridae

鼠蛇属
Ptyas Fitzinger, 1843

30

灰鼠蛇
Ptyas korros (Schlegel, 1837)

【保护级别】IUCN红色名录近危（NT）物种。

【鉴别特征】头及体背灰黑色，有深浅相间的纵纹；唇缘及腹部浅黄色；背鳞一般15-15-11行，腹鳞185枚以下。

【形态描述】体形细长；头及体背灰黑色、黑褐色或灰棕色；每鳞的两侧角色较深或较浅，呈黑褐色、棕色或米黄色，各鳞前后相连，组成深浅相间的纵纹；体后及尾部的背鳞鳞缘色深，呈黑褐色，相互交织成细网状纹；唇缘及腹面浅黄色，腹鳞两侧与体色同；近尾部的腹面及尾下鳞两侧缘为黑色。头长，眼圆而

灰鼠蛇

大，瞳孔圆形；颊部内凹，颊鳞一般2～3枚；眶前鳞1枚，另有1枚眶前下鳞；眶后鳞2枚；前颞鳞2（1-3）枚，后颞鳞2（1-4）枚；上唇鳞8枚，偶有7或9枚；下唇鳞10枚；颔片2对，后对比前对长，彼此相切；背鳞平滑或体后段中央几行起棱，一般15-15-11行；腹鳞雌性156～181枚，雄性159～184枚；肛鳞2枚；尾下鳞雌性110～154对，雄性109～143对。

【**生态习性**】生活在山区丘陵及平原地区，海拔800～1600米的山地也有分布。常出没于草丛、灌丛、水稻田边、河边、路边、沟边及石堆等处，并常发现于灌丛或树上。有进入屋内捕食的情况。阴雨天常出现，行动敏捷。捕食蛙、蜥蜴、鸟及鼠类。卵生。

【**地理分布**】雷公山见于永乐、桃江、桥歪。贵州省内见于雷山、绥阳、务川、江口、德江、松桃、兴义、望谟、册亨、安龙、榕江、从江、荔波、平塘、罗甸等地。国内见于浙江、安徽、福建、台湾、江西、湖南、广东、香港、海南、广西、云南、贵州。

游蛇科
Colubridae

鼠蛇属
Ptyas Fitzinger, 1843

滑鼠蛇
Ptyas mucosa (Linnaeus, 1758)

【保护级别】《中国生物多样性红色名录》濒危（EN）物种，"三有"保护动物，IUCN红色名录无危（LC）物种。

【鉴别特征】头背黑褐色；体背棕灰色，体后有不规则的黑色横斑，横斑至尾部形成网纹；腹面黄白色，腹鳞后缘黑色；颊鳞一般3枚，背鳞一般19-17-14行，腹鳞185枚以上。

【形态描述】头背黑褐色；唇鳞淡灰色，后缘黑色；体背棕色，体后部由于鳞片的边缘或半片鳞片为黑色而形成不规则的黑色横斑；横斑至尾部呈网纹；腹面

滑鼠蛇

黄白色，腹鳞后缘黑色；身体前段、后段及尾部的腹鳞黑色，后缘更为明显。

头较长；眼大而圆，瞳孔圆形，颊部略内凹；颊鳞一般3枚；眶前鳞1枚，具1枚眶前下鳞；眶后鳞2枚；颞鳞一般2+2（3）枚；上唇鳞8（3-2-3）枚；下唇鳞9或10枚，前5枚与前颔片相切；颔片2对，彼此相切；背鳞19-17-14行，平滑，仅中央1~3行微弱起棱，体后部中央可有1~9行起棱；腹鳞雄性188~199枚，雌性190~200枚；肛鳞2枚，尾下鳞双行，雄性101~118对，雌性98~118对。

【生态习性】生活于平原及山地或丘陵地区，也可分布于海拔2000m以上的山地。多于白天在近水的地方活动。行动敏捷，受惊扰可竖起前半身并左右侧偏作攻击状。以蟾蜍、蛙、蜥蜴、鸟类及鼠类等为食。卵生。

【地理分布】雷公山见于永乐、桃江、山湾、小丹江。贵州省内见于雷山、松桃、望谟、榕江、荔波、平塘、罗甸。国内见于浙江、安徽、福建、台湾、江西、湖北、湖南、广东、香港、海南、广西、四川、云南、贵州、西藏。

游蛇科
Colubridae

方花蛇属
Archelaphe Schulz Bohme et Tillack, 2011

32

方花蛇
Archelaphe bella (Stanley, 1917)

【保护级别】《中国生物多样性红色名录》易危（VU）物种，"三有"保护动物，IUCN红色名录无危（LC）物种。

【鉴别特征】头较小，与颈区分不明显；无颊鳞；通身背面红色、红褐色或灰褐色；头背具镶黑边的黄色或棕色深"V"或"Y"形斑；体、尾背面具几十个镶黑边的黄色或棕色横纹，占1~2枚背鳞宽。

【形态描述】头较小，吻端圆钝，与颈区分不明显；无颊鳞；通身背面红色、红褐色或灰褐色；头背具镶

方花蛇

黑边的黄色或棕色深"V"或"Y"形斑；吻鳞1枚；鼻间鳞2枚；前额鳞2枚，额鳞1枚；眶上鳞2枚；顶鳞2枚；鼻鳞1对；眶前鳞1枚，眶后鳞2枚；颞鳞1+2枚；上唇鳞7（2-2-3）枚，下唇鳞8（4-4）枚；无颊鳞，颌片2对；背鳞18-19-19行，平滑无棱；腹鳞223枚；肛鳞二分；尾下鳞52对。腹面黄色或黄白色，躯干及尾背面以红褐色为主，排列有具黑色、红褐色和黄色相间构成的环斑纹；体、尾腹面散布不规则排列的黑色小方斑。

【**生态习性**】生活于山地、森林地区，分布于海拔1100～2000m的山地。行动敏捷，受惊扰可竖起前半身并左右侧偏作攻击状。以蟾蜍、蛙、蜥蜴、鸟等为食。卵生。

【**地理分布**】雷公山仅见于乌东。贵州省内见于江口、雷山。国内见于湖南、广东、广西、福建、四川、云南、贵州、江西、重庆。

水游蛇科
Natricidae

腹链蛇属
Amphiesma Dumeril, Bibron et Dumeril, 1854

33

草腹链蛇
Amphiesma stolatum (Linnaeus, 1758)

【保护级别】《中国生物多样性红色名录》无危（LC）物种，"三有"保护动物，IUCN红色名录无危（LC）物种。

【鉴别特征】头大小适中，与颈可以区分；头部和颈部多为棕黄色，部分个体为红色或灰色；体背棕褐色，背侧各具1条浅色纵纹；典型个体2条纵纹间具多数黑横纹，凡横纹与纵纹相交处都具1个白色点斑；腹面白色，体前段腹鳞外侧多具黑褐色点斑，前后连接成不甚明显的链纹；尾腹白色无斑。

草腹链蛇

【形态描述】头大小适中，与颈可以区分；体背棕褐色，背侧各具1条浅色纵纹；典型个体2条纵纹间具多数黑横纹，凡横纹与纵纹相交处都具1个白色点斑；腹面白色，体前段腹鳞外侧多具黑褐色点斑，前后连接成不甚明显的链纹；尾腹白色无斑。肛鳞二分，所有尾下鳞分裂；眶前鳞1枚，眶后鳞3枚；颞鳞1+1或1+2枚；上唇鳞通常为8枚，3、4、5枚入眶，下唇鳞5～6枚；背鳞19-19-17行；腹鳞143～155枚；尾下鳞68～82对。

【生态习性】主要生活于水域附近，栖息于平原、高原、盆地、低海拔山区以及河边、溪流、山坡、路边、水田边、农垦地。其生存的海拔范围为215～1880m。日行性，性情温和，体冷。特别喜食小型蛙类，偶尔也吃昆虫。卵生。

【地理分布】雷公山见于永乐、桃江、小丹江。贵州省内见于江口、从江、荔波、三都、雷山。国内见于广西、云南、贵州、广东、海南、香港、澳门、台湾、福建、江西、湖北、湖南、江西、安徽、浙江、河南、西藏。

水游蛇科
Natricidae

东亚腹链蛇属
Hebius Thompson, 1913

34

锈链腹链蛇

Hebius craspedogaster (Boulenger, 1899)

【保护级别】《中国生物多样性红色名录》无危（LC）物种，"三有"保护动物，IUCN红色名录无危（LC）物种。

【鉴别特征】背鳞19-19-17行，均具棱；腹鳞132枚以上。背面黑褐色，背侧有2行铁锈色纵纹，枕部两侧有1对椭圆形黄色枕斑。

【形态描述】头背暗棕色，头两侧各有一黄色枕斑，略呈椭圆形；唇部淡黄色，唇鳞沟黑褐色；头腹面

锈链腹链蛇

灰白色；躯干及尾背黑褐色，两侧D5～D7位置各有1行浅黄色纵纹，沿此二纵纹可以识别出1列铁锈色点斑，纵纹外侧有许多不明显的黑色点斑；腹鳞及尾下鳞淡黄色，近外侧各有一窄长黑色点斑，前后缀连成链纹。

颊鳞1枚；眶前鳞1（2）枚，眶后鳞3（4、2）枚；颞鳞2（1）+1（2）枚；上唇鳞8（2-3-3或3-2-3）枚；下唇鳞10（8～11）枚，前5（4、6）枚切前颌片；颌片2枚；背鳞19-19-17行，均具棱，个别的最外行平滑；腹鳞雄性132～172枚，雌性143～161枚；肛鳞二分；尾下鳞雄性79～99对，雌性82～93对。

【生态习性】 半水栖，生活于山区，常见于水域附近或路边、草丛中，白天活动。以蛙、蟾蜍、蝌蚪或小鱼为食。可能为卵生。

> **【地理分布】** 雷公山见于乌东、格头、永乐、桃江、西江、桥歪。贵州省内见于印江、贵阳、赤水、册亨、清镇、毕节、榕江、贵定、独山、龙里、雷山。国内见于山西、江苏、浙江、安徽、福建、江西、河南、湖北、湖南、广东、广西、贵州、四川、陕西。

水游蛇科
Natricidae

东亚腹链蛇属
Hebius Thompson, 1913

35

丽纹腹链蛇
Hebius optatus (Hu et Zhao, 1966)

【保护级别】《中国生物多样性红色名录》无危（LC）物种，"三有"保护动物，IUCN红色名录无危（LC）物种。

【鉴别特征】小型游蛇；头较细长；瞳孔圆形；背面黑褐色，有约等距排列、长短相间的黄色横斑；背鳞19-19-17行。

【形态描述】头颈背面暗棕红色，在头部前半杂有少数黑褐色虫纹斑；有顶斑；眼后有一白色线纹，分别自左右上眶后鳞开始，穿过前颞鳞，紧沿最后2枚上唇鳞上缘延至后上方，在顶鳞之后第7枚体（背）鳞

丽纹腹链蛇

处会合；躯干背面黑褐色，有大约按等距离排列的黄白色横斑。腹鳞黄色，外侧黑褐色。

身体细长，尾长约占全长的1/3；吻棱明显，吻鳞宽为高的2倍，垂直而不弯向背面；颊鳞1枚，长与高几相等，不入眶；瞳孔圆形；眶前鳞1枚，不切额鳞；眶上鳞窄长，长度与额鳞约相等，前接前额鳞；眶后鳞3枚，自上到下，大小递减；颞鳞2+2枚；上唇鳞8（3-2-3或2-3-3）枚；额鳞三角形，宽几为长的2倍；颏片2对，均窄长，后对较前对长；下唇鳞8枚。体（背）鳞颈部19行，平滑无棱；中段19行，中央若

干行微弱起棱；肛前17行，全部起棱。肛鳞2枚；腹鳞156～169枚；尾下鳞95～112对。

【**生态习性**】生活于山区，栖息于溪涧或其附近草丛中。主要以鱼类为食。

【**地理分布**】雷公山见于乌东、格头、永乐、桃江、西江、桥水等地。贵州省内见于雷山、江口、印江、德江、安龙、榕江、荔波。国内见于湖南、广西、四川、贵州、重庆。

水游蛇科
Natricidae

东亚腹链蛇属
Hebius Thompson, 1913

36

黑带腹链蛇
Hebius bitaeniatus (Wall, 1925)

【保护级别】《中国生物多样性红色名录》近危（NT）物种，"三有"保护动物，IUCN红色名录无危（LC）物种。

【鉴别特征】头略呈椭圆形；颊鳞1枚，不入眶；背鳞19-19-17行，除最外1列无或弱棱外，其余均中度起棱。

【形态描述】头略呈椭圆形，与颈区分明显；鼻孔侧位；瞳孔圆形；唇部黄色；背面橄榄棕色，两侧自颈至尾末各有1条黄色纵纹，位于第5、第6列背鳞，从

黑带腹链蛇

而背面被2条黄色纵纹分割成3条橄榄棕色的纵纹，中央1行最宽，两侧纵纹较窄；腹面浅黄色，腹鳞两侧各有一黑斑点，前后缀连成黑色链纹，腹链纹在尾前部1/4处消失，腹链纹前后斑点之间的间隔约为腹鳞长度的1/2；最外一列背鳞的外半部和背鳞与腹链纹之间的腹鳞呈粉红色。

颊鳞1枚，不入眶；眶前鳞1或2枚，眶后鳞3（2）枚；颞鳞2+1～3枚。上唇鳞雄性8（2-3-3）枚或者7（2-2-3）枚；下唇鳞9枚，前5枚接第1颔片；颔片2对，第2对长于第1对，两对之间有小鳞相隔；背鳞19-19-17行，除最外1列无或弱棱外，其余均中度起棱；肛鳞二分。

【地理分布】雷公山见于乌东、格头。贵州省内见于雷山、江口。国内见于云南、广东、湖南、贵州。

水游蛇科
Natricidae

东亚腹链蛇属
Hebius Thompson, 1913

【保护级别】《中国生物多样性红色名录》无危（LC）物种，"三有"保护动物，IUCN红色名录无危（LC）物种。

【鉴别特征】具腹链的小型游蛇，全长0.5m左右，体尾细长；头背棕褐，密布黑色虫纹，有2个镶黑边的浅色顶斑；眼后有2条白色眉纹，后延至枕侧，与体侧浅色纵纹相连。

【形态描述】头背黑褐色，顶斑有或不显；背面黑褐色或棕褐色，有2条浅色纵纹，自白眉纹向后直至尾端；头背棕褐色，眼后有1条白色细纹；腹面灰白色，腹鳞及尾下鳞外侧有1个黑褐色大斑，前后连成链状纹。

　　头长，眼大。颊鳞1枚，眶前鳞1枚，眶后鳞3（2）枚；颞鳞1枚+ 1～3枚；上唇鳞9（3-3-3）枚，少数8（2-3-3）枚；背鳞19-19-17行，除最外1列无或弱棱

37
白眉腹链蛇
Hebius boulengeri (Gressitt, 1937)

外，其余均起棱；腹鳞146～169枚；肛鳞2枚；尾下鳞72～107对。

【生态习性】生活于海拔1000m以下的山区稻田中及小溪附近。卵生。

【地理分布】雷公山见于西江、桃江。贵州省内见于雷山、榕江、从江、剑河。国内见于广东、广西、香港、海南、云南、贵州、重庆、湖南、福建、江西。

水游蛇科
Natricidae

东亚腹链蛇属
Hebius Thompson, 1913

38
坡普腹链蛇

Hebius popei (Schmidt, 1925)

【保护级别】《中国生物多样性红色名录》无危（LC）物种，"三有"保护动物，IUCN红色名录无危（LC）物种。

【鉴别特征】具腹链的小型游蛇。头背土红色，头腹白色；上、下唇鳞白色，鳞缘具不规则黑斑；枕部具1个棕黄色宽横斑，其后部的"拖尾"与体侧纵纹相连；头背具1对顶斑；体、尾背面灰褐色，两侧各具1条紫棕色纵纹，纵贯全身，纵纹上镶有若干浅色斑点；体、尾腹面黄色或白色；腹鳞两侧具黑色短斑纹，前后连缀成腹链；背鳞19-19-17行。

【形态描述】头背及颈部棕色或棕红色；上唇鳞灰白色，鳞缝棕黑色；枕部两侧各有1个黄斑；体背面，两侧黑灰色，中间棕黑色或黑褐色，两侧各有1条点线状的浅色纵纹；腹面黄色，每枚腹鳞两侧各有1个小黑斑，前后连缀成链状纵纹。

头较长圆，眼较大，瞳孔圆形。颊鳞1枚，不入眶；眶前鳞1（2）枚，眶后鳞3（2）枚；颞鳞2（1）+2（1）枚；上唇鳞8（3-2-3或2-3-3）枚；背鳞19-19-17行，全起棱，或最外1行光滑；腹鳞131～142枚；肛鳞2枚；尾下鳞66～88对。

【生态习性】生活于海拔1000m以下的山区稻田中及小溪附近。卵生。

【地理分布】雷公山见于西江、桃江。贵州省内见于册亨、榕江、雷山、荔波、贵定、独山、罗甸。国内见于广东、广西、贵州、湖南、海南、云南等地。

水游蛇科
Natricidae

东亚腹链蛇属
Hebius Thompson, 1913

39

棕黑腹链蛇

Hebius sauteri (Boulenger, 1909)

【保护级别】《中国生物多样性红色名录》无危（LC）物种，"三有"保护动物，IUCN红色名录无危（LC）物种。

【鉴别特征】具腹链的小型无毒蛇；体色变异大，有红褐色、黄褐色或灰褐色；头背黑褐色或红褐色，具1对顶斑，部分个体顶斑不明显；头腹灰白色；上、下唇鳞白色，后缘黑褐色；背鳞通身17行。

【形态描述】体色变异大，有红褐色、黄褐色或灰褐色；头背黑褐色或红褐色，具1对顶斑，部分个体顶

棕黑腹链蛇

斑不明显；头腹灰白色；上、下唇鳞白色，后缘黑褐色；口角后镶黑边的浅色圆点或有或无，或大或小，位置或前或后；体、尾背面红褐色、黄褐色或灰褐色，隐约可见碎黑斑；体、尾腹面灰白色，腹鳞两侧具黑斑，前后连接成腹链；背鳞通身17行。

【生态习性】常生活于山区、丘陵地，于草丛、灌丛、溪流、森林底层和流水沟中活动以及生活于山区水源附近。其生存的海拔范围为680~1083m。

【地理分布】雷公山仅见于永乐。贵州省内见于册亨、榕江、雷山、荔波、贵定、独山、罗甸。国内见于安徽、福建、江西、湖南、湖北、广东、香港、海南、广西、四川、贵州、云南、台湾。

水游蛇科
Natricidae

东亚腹链蛇属
Hebius Thompson, 1913

40

八线腹链蛇
Hebius octolineatus (Boulenger, 1904)

【保护级别】《中国生物多样性红色名录》无危（LC）物种，"三有"保护动物，IUCN红色名录无危（LC）物种。

【鉴别特征】具有腹链的中型游蛇；背面以黑褐色为主，呈深浅相间的若干纵纹；常有腹链，腹链外侧常呈浅红色纵纹；背鳞19-19-17行，最外行平滑，每一鳞片后端略有缺凹。

【形态描述】头背暗褐色，上唇鳞及头腹面浅黄色，唇鳞缘多有黑褐斑。躯干及尾部色斑变异甚大，总的特点是显示出深浅相间的若干纵纹；腹鳞两外侧有一

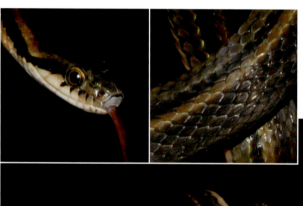

八线腹链蛇

黑色点斑，前后缀连成链纹，此链纹或有或无；左右腹链之间为淡黄绿色。

头颈可以区分，眼大小适中，瞳孔圆形；颊鳞1枚，眶前鳞1枚，眶后鳞3枚；颞鳞变异较大，主要有2+1+2，3+2两种类型，少数后颞鳞有3枚；上唇鳞8（2-3-3）枚；下唇鳞10枚，前5枚切前颌片；后颌片远大于或大于前颌片，左右后颌片为1～5枚小鳞部分或完全分开；背鳞19-19-17行，全部起棱或仅两侧最外一行平滑，中央数行棱最强；腹鳞雄性157～163枚，雄性152～177枚；肛鳞二分；尾下鳞双行，雄性87～91对，雄性57～87对。

【生态习性】多栖息于海拔700～2400m山区的各种水体及其附近湿地，也可见于路边。白昼活动。以泥鳅、小鱼、蛙类为食。卵生。

【地理分布】雷公山见于乌东、格头、方祥、桥水。贵州省内见于印江、兴义、安龙、威宁、雷山。国内见于四川、贵州、云南。

水游蛇科
Natricidae

伪蝮蛇属
Pseudoagkistrodon Van Denburgh, 1909

41

颈棱蛇
Pseudoagkistrodon rudis (Boulenger, 1906)

【保护级别】《中国生物多样性红色名录》无危（LC）物种，"三有"保护动物，IUCN红色名录未评估（NE）物种。

【鉴别特征】颞鳞具棱，无颊窝；身体花纹近似蝮蛇。在受惊扰或威胁时，常采取缩扁头部及身体的伪装策略，外观与山烙铁头和蝮蛇相似，但山烙铁头和蝮蛇瞳孔垂直且有颊窝。

【形态描述】身体粗大，全长1m左右；无毒、尾短；

颈棱蛇

背面呈棕褐色，有2行粗大的深棕色斑块；腹面褐色，前部具有白色点斑；头部略呈三角形，外形像蝮蛇或蝰蛇。上唇鳞一般为7枚，不入眶，下唇鳞9或10枚，前4～5枚切前颏片，前颏片短于后颏片；颊鳞2或3枚；后颞鳞4或3枚，前、后颞鳞均起棱，在前颞鳞与上唇鳞间还有1枚较小鳞片，其前缘与眶后鳞相接，而后缘不与眶后鳞相接；背鳞23-23-19行，起棱明显，腹鳞123～158枚；肛鳞2枚；尾下鳞37～61对；上颌齿11～18枚，间隔1个短的无齿区，后有2枚特别大的向后弯曲的牙齿，形似后沟牙。

【生态习性】常见于灌丛、草丛或树林中，大多出现在天然阔叶林底层。受惊吓时，头体变扁平。性温驯，无毒，无攻击性。以蟾蜍和蛙类为食。卵胎生。

【地理分布】雷公山见于永乐、西江、南老、小丹江、乌东。贵州省内见于毕节、威宁、雷山、榕江、荔波。国内见于福建、云南、湖南、四川、江西、贵州、浙江、广西、广东。

水游蛇科
Natricidae

颈槽蛇属
Rhabdophis Fitzunger, 1843

42

虎斑颈槽蛇
Rhabdophis tigrinus (Boie, 1826)

【保护级别】《中国生物多样性红色名录》无危（LC）物种，"三有"保护动物，IUCN红色名录未评估（NE）物种。

【鉴别特征】体背面翠绿色或草绿色；体前段两侧有粗大的黑色与棉红色斑块相间排列；颈背有较明显的颈脊；枕部两侧有1对粗大的黑色"八"形斑，躯干前段黑红色斑相间。

【形态描述】头背绿色；上唇鳞灰白色，鳞沟黑色；眼正下方及眼斜后方各1条黑纹最粗；头腔面白色；躯干及尾背面翠绿色或草绿色，躯干前段两侧有粗大

虎斑颈槽蛇

的黑色与棉红色斑块相间排列，后段犹可见黑色斑块，棉红色渐趋消失；躯干及尾腔面黄绿色，腹鳞游离缘的颜色较浅。

眶前鳞2（1）枚，眶后鳞3或4枚；额鳞1（2）+2（1）枚，后额鳞为3或4枚；上唇鳞7（2-2-3）枚或8（2-3-3）枚式；下唇鳞9（8-10）枚，前5（4）枚切前额片；颈背正中二行鳞对称排列，并明显隆起，其间形成一明显的颈槽；背鳞19-19-17行，全部具棱或最外行平滑；腹鳞雄性146～156枚，雌性148～160枚；肛鳞二分；尾下鳞雄性58～74对，雌性51～67对。

【生态习性】多出没于有水草且多蛙蟾之处。白天活动，吃蛙及蟾蜍，也吃蝌蚪与小鱼。

【地理分布】雷公山见于永乐、西江、小丹江、昂英。贵州省内见于贵阳、遵义、桐梓、绥阳、正安、务川、湄潭、仁怀、赤水、江口、德江、松桃、兴义、毕节、金沙、威宁、贵定、独山、雷山、龙里、惠水、盘州等地。国内见于黑龙江、吉林、辽宁、河北、山东、河南、山西、陕西、内蒙古、甘肃、四川、湖北、湖南、安徽、江苏、浙江、江西、贵州、福建、广西等地。

水游蛇科
Natricidae

后棱蛇属
Opisthotropis Günther, 1872

43

赵氏后棱蛇

Opisthotropis zhaoermii Ren, Wang, Jiang, Guo et Li, 2017

【保护级别】《中国生物多样性红色名录》无危（LC）物种，"三有"保护动物，IUCN红色名录未评估（NE）物种。

【鉴别特征】头部与颈部区分不明显；前额鳞单枚，宽大于长；鼻孔向上；眼睛较小；体形呈圆柱形；背鳞通身17行，前部起棱并向后增强；腹鳞138～143枚；尾下鳞二分，57～61对；无眶前鳞，眶后鳞2枚或1枚；颊鳞1枚，并向后延伸入眶；上唇鳞9～10枚，第5枚与第6枚入眶；体背面和侧面有黑黄相间的纵纹。

赵氏后棱蛇

体背面黄褐色；头背面略深，隐约有不规则黑色斑；体背面及侧面有黑色与黄色细长纵线相间排列，中央2条黄色纵纹在体前端颜色较深，向后逐渐变淡；腹部浅黄色，外侧有不对称点斑。

【形态描述】 头小，略扁平，与颈部区分不明显；鼻间鳞2枚，较小，长大于宽；鼻鳞略偏背侧，鼻孔略近吻背；前额鳞单枚；上唇鳞9（4-2-3）枚或10（4-2-4/4-3-3）枚，第1、第2枚与鼻鳞相接，第3枚同时接鼻鳞和颊鳞，第4枚完全接颊鳞，下唇鳞9~10枚，第1枚狭长，前3枚切前颔片；颔片2对，前颔片稍大于后颔片，后颔片被1~4枚小鳞隔开；颊鳞1枚，向后延伸入眶，长大于宽；无眶前鳞，眶后鳞1或2枚；前颞鳞1（1+1/1+2）枚；前额鳞正中略呈"∧"形，切入两鼻间鳞之间，后缘较平；额鳞1枚，呈盾形，后端呈"V"形，与顶鳞相接；顶鳞2枚；背鳞中央起棱，并向后增强，两侧光滑，通身17行；腹鳞138~143枚；肛鳞2枚；尾下鳞57~61对，尾下鳞的鳞沟呈黑色，在尾腹面中央形成黑色纵线纹。

【生态习性】 分布在海拔800~1300m的溪流及附近地区，也偶见于农用水渠中，见光即迅速窜入溪流的泥沙中。

【讨论】 雷公山分布的后棱蛇原记录为山溪后棱蛇（陈继军等，2007），韩玲等（2019）通过对雷公山地区采集的1号后棱蛇标本进行分子生物学鉴定和形态比较，认为雷公山地区分布的后棱蛇应为赵氏后棱蛇，结合韩玲等研究结果，本书进一步对雷公山分布的后棱蛇形态和分子进行分析，确认分布于雷公山地区的后棱蛇为赵氏后棱蛇。

【地理分布】 雷公山见于桃江、小丹江、格头、毛坪等地。贵州省内见于雷山、麻江、黄平、石阡等地。国内见于湖南、贵州。

水游蛇科
Natricidae

华游蛇属
Trimerodytes Cope, 1895

44

乌华游蛇

Trimerodytes percarinatus (Boulenger, 1899)

【保护级别】《中国生物多样性红色名录》近危（NT）物种，"三有"保护动物，IUCN红色名录无危（LC）物种。

【鉴别特征】通身具多数环纹；腹面不呈橘红色或橙黄色；鼻间鳞前端窄，鼻孔位于近背侧；通常有2枚上唇鳞入眶。

【形态描述】头背橄榄灰色；上唇鳞色稍浅，鳞沟色较深；头腹面灰白色；躯干及尾背面砖灰色，腹面污白色，通身有围绕周身的黑色环纹；正背由于基色较

乌华游蛇

深，环纹不显；腹面环纹也往往模糊不清，形成密布腹面的灰褐色碎点。眶前鳞1（2）枚，眶后鳞3或4枚；颞鳞2+3枚；上唇鳞9（3-2-4）枚；下唇鳞10枚，前5（6）枚切前颔片；背鳞19-19-17行，全部具棱，背正中者特强；腹鳞雄性132～133枚，雌性132～144枚；肛鳞二分；尾下鳞雄性50～81对，雌性50～78对。

【生态习性】生活于山区流溪或水田内。白天活动，吃蛙、蝌蚪、泥鳅、鳝鱼等。卵生。

【地理分布】雷公山见于永乐、桃江、桥歪、格头、毛坪等地。贵州省内见于麻江、黄平、石阡、贵阳、遵义、绥阳、正安、务川、湄潭、仁怀、赤水、江口、印江、松槐、兴义、望谟、册亨、安龙、清镇、毕节、榕江、雷山、荔波、贵定、独山、平塘、罗甸、龙里地。国内见于上海、江苏、浙江、安徽、福建、台湾、江西、贵州、河南、湖北、湖南、广东、香港、海南、广西、四川、云南、陕西、甘肃。

水游蛇科
Natricidae

华游蛇属
Trimerodytes Cope, 1895

45

环纹华游蛇
Trimerodytes aequifasciatus (Barbour, 1908)

【保护级别】《中国生物多样性红色名录》易危（VU）物种，"三有"保护动物，IUCN红色名录无危（LC）物种。

【鉴别特征】体形较粗，周身有粗大环纹；在体侧形成"x"形斑；鼻间鳞前端极窄，鼻孔位于近背侧；常有0～3枚眶下鳞；上盾鳞通常只有1或2枚入眶或全不入眶。

【形态描述】体形中等大小，头颈区分明显，体较粗壮；头背灰褐色，或上唇鳞稍浅淡；头腹面灰白色，

环纹华游蛇

或下唇鳞灰褐色，或仅部分鳞沟灰褐色；躯干及尾背面基色棕褐色；体侧及腹面基色黄白；从头后到尾未有粗大环纹18-21+11-13个，环纹镶黑色或黑褐色边，中央绿褐色，在体侧每一环纹的两黑边相交，再分叉而达背中线，从体侧看每一环纹形成一个黑色的"x"形斑；鼻间鳞前端较窄，鼻孔背侧位；颊鳞1枚；眼较小，眶前鳞1枚或2枚，眶后鳞3枚，常有1~2枚极小的眶下鳞；颞鳞2（1）+3（2）枚；上唇鳞9（3-2-4）枚；下唇鳞10（8~11）枚，前5（4~6）枚切前颏片；后颏片长于前颏片，左右后颏片为数枚小鳞分开；背鳞19-19-17行，中央13~17行起强棱；腹鳞雄性147~164枚，雌性144~160枚；肛鳞二分；尾下鳞双行，雄性69~78对，雌性63~75对。

【生态习性】多见于地形较开阔的溪流中，或攀到水面上方灌木上暴晒太阳。受惊扰时，迅速游入水底石缝中。以鱼为食。卵生。

【地理分布】雷公山见于永乐。贵州省内见于江口、松桃、兴义、望谟、册亨、榕江、从江、雷山、荔波、平塘。国内见于浙江、福建、江西、湖南、广东、香港、海南、广西、四川、贵州、云南。

斜鳞蛇科
Pseudoxenodontidae

斜鳞蛇属
Pseudoxenodon Boulenger, 1890

46

崇安斜鳞蛇

Pseudoxenodon karlschmidti Pope, 1928

【保护级别】《中国生物多样性红色名录》无危（LC）物种，"三有"保护动物，IUCN红色名录无危（LC）物种。

【鉴别特征】背鳞19-17-15行，起棱，斜行；颈部有一明显的箭形黑斑，黑斑的外缘有宽1个鳞片大小的白色细纹。

【形态描述】一般体长500mm左右。体背浅黑灰色，其中央有22-29+2-13块长椭圆形淡灰色斑纹，每个斑纹宽4～6枚鳞片。头背灰色，无斑纹；颈背有一明显

崇安斜鳞蛇

的箭形黑斑，其外缘有一清晰的一鳞片宽的白色细线纹；颊鳞1枚，个别有裂为上下2枚者；眶前鳞1枚，眶后鳞3枚；颞鳞2+2或3枚；上唇鳞8（3-2-3）枚，个别7（2-2-3）枚；下唇鳞8～10枚，前4或5枚接前颌片；颌片2对；背鳞19-17-15行，起棱，斜行；腹鳞138～160枚；尾下鳞53～71对；肛鳞二分。

【生态习性】生活于海拔700～1170m的高山森林中，见于菜地、溪流边路上或山坡的路边、溪流潮湿灌木林下。行动缓慢，遇人时逃跑不快，有时昂首环视四方。主要以蛙类为食。卵生。

【地理分布】雷公山见于格头。贵州省内见于雷山、江口、赤水。国内见于福建、广东、湖南、海南、广西、贵州。

斜鳞蛇科
Pseudoxenodontidae

斜鳞蛇属
Pseudoxenodon Boulenger, 1890

47
大眼斜鳞蛇
Pseudoxenodon macrops (Blyth, 1855)

【保护级别】《中国生物多样性红色名录》无危（LC）物种，"三有"保护动物，IUCN红色名录无危（LC）物种。

【鉴别特征】颈背有一箭形斑，但其前缘无白色细线纹镶边；上唇鳞7～8枚，背鳞多为19-19（17）-15行，起棱；体前段斜行排列；有臭味。

【形态描述】头长椭圆形，头背有斑或无斑，头、颈分区明显；眼大，瞳孔圆形；鼻孔大，位于鼻鳞中央；吻钝；头背黑棕色，上唇鳞鳞缝黑色，颈背有一黑色箭形斑，尖端向前，在部分标本中不清晰，其

大眼斜鳞蛇

外缘没有白色细线纹镶边；体背淡褐色，有橘黄、淡黄、棕红、棕黑色斑纹；有一部分个体黑化，从头背直到尾端均为深黑灰色，没有斑纹；体背有40～60条网纹。上唇鳞多为7（2-2-3）枚或8（3-2-3）枚；下唇鳞多为8枚，偶有7或9枚的，前4（5）枚与前颔片相切；颊鳞、眶前鳞均为1枚；眶后鳞3枚；颞鳞2+3或2+2枚；背鳞19-19-15行，体前段斜行排列明显，除最外侧一行外均起棱，而且背中央的起棱强；腹鳞雄性135～163枚，雌性145～166枚；肛鳞2枚；尾下鳞雄性48～70对，雌性51～70对。

【生态习性】生活于高原山区及丘陵地，常在白天活动，多见于溪边、路边、园地、苞米地及湿润的岩石堆上。体前段能竖起，受惊时，颈部扁膨，发出呼呼声，但行动缓慢，有时在石块上盘曲不动或在石堆上慢慢爬行。身有奇臭，故又名"臭蛇"。主要以蛙类为食。

【地理分布】雷公山见于格头、方祥、乌东。贵州省内见于江口、印江、贵定、龙里、绥阳、赤水、兴义、当龙、威宁、雷山、清镇。国内见于河南、陕西、甘肃、西藏、四川、云南、湖北、湖南、福建、广西、贵州。

斜鳞蛇科
Pseudoxenodontidae

斜鳞蛇属
Pseudoxenodon Boulenger, 1890

48

横纹斜鳞蛇
Pseudoxenodon bambusicola Vogt, 1922

【保护级别】《中国生物多样性红色名录》无危（LC）物种，"三有"保护动物，IUCN红色名录无危（LC）物种。

【鉴别特征】体背黄褐色或紫灰色；头背前部有一"∧"形黑斑，起自鼻间鳞，在前额鳞后部又分为两支，经左右眼眶延伸到最后1枚上唇鳞；第1横斑由顶鳞向后延伸到颈两侧；尾背面有10-16+0-2块黑褐色的横纹。

【形态描述】体形中等大小；头背前部有一"∧"形黑斑，起自鼻间鳞，在前额鳞后部又分为两支，经

横纹斜鳞蛇

左右眼眶延伸到最后1枚上唇鳞；体背紫灰色；腹鳞黄白色或灰白色；尾背有一浅色的脊线，其两侧各有1条黑色纵线直达尾尖；尾下鳞的两侧各有1深灰色纵线。上唇鳞8（3-2-3）枚；下唇鳞10（8，9）枚，前5枚切前颏片；颊鳞1枚；眶前鳞变异较大，眶后鳞3枚，前颞鳞2枚，后颞鳞2枚；背鳞19-19-15行，明显起棱，前段排列斜行；腹鳞138～140枚；肛鳞2枚；尾下鳞39对。

【生态习性】生活于山区树林、竹林及草坡上。主要吃蛙及蜥蜴。卵生，无毒。

【地理分布】雷公山见于桃江、南老、乌东。贵州省内见于从江、荔波、雷山。国内见于浙江、江西、湖南、福建、广东、广西、贵州。

斜鳞蛇科
Pseudoxenodontidae

颈斑蛇属
Plagiopholis Boulenger, 1893

49

福建颈斑蛇

Plagiopholis styani (Boulenger, 1899)

【保护级别】《中国生物多样性红色名录》无危（LC）物种，"三有"保护动物，IUCN红色名录无危（LC）物种。

【鉴别特征】头小，头、颈区分不明显；体短而粗；尾短；无颞鳞；上唇鳞6（2-2-2）枚；体表有金属光泽。

【形态描述】头短小，头颈区分不明显；体短而粗；头背棕色；唇鳞浅黄色，鳞沟黑色；躯干及尾背面红褐色；头颈部有一黑色箭斑；背鳞鳞沟局部黑色，交织成黑色网纹；腹鳞及尾下鳞为黄色，腹鳞两侧密布褐色小点，尾下鳞两侧未见黑斑。无颊鳞；眶前鳞

福建颈斑蛇

1枚，眶后鳞2枚；颞鳞2+2枚；上唇鳞6/6（2+2+2）枚；下唇鳞5/6枚，左侧第3、第4枚下唇鳞愈合；第1对下唇鳞在颏鳞后不相接，前3枚下唇鳞接前颔片；颔片2对，前对与颏鳞相接；背鳞平滑，通身15行；腹鳞109枚，前腹鳞3枚；肛鳞完整；尾下鳞成双，27对。

【**生态习性**】生活于高海拔灌木林的草坡上，多栖息于草坡岩石间及灌丛下。

【**地理分布**】雷公山见于乌东。贵州省内见于威宁、雷山。国内见于安徽、福建、甘肃、广西、湖南、江西、四川、浙江、贵州。

剑蛇科
Sibynophiidae

剑蛇属
Sibynophis Fitzinger, 1843

棕头剑蛇

50
棕头剑蛇
Sibynophis graham (Boulenger, 1904)

【保护级别】《中国生物多样性红色名录》未评估（NE）物种，"三有"保护动物，IUCN红色名录未评估（NE）物种。

【鉴别特征】头背棕黑色；上唇鳞9枚；前颞鳞2枚，前颞鳞腹片与第7、第8枚上唇鳞相接；腹鳞186～208枚；尾下鳞80～110对。

【形态描述】头略扁，头颈区分明显；鼻孔较大，位于鼻鳞中央；头背棕黑色；头背后部有1对白色横斑；背脊部有1条纵线纹；上唇鳞黄白色；体背部棕褐色，体腹部浅黄色；腹鳞两侧有黑点斑，成链状纹，直达尾尖。上唇鳞9（3-3-3）枚；下唇鳞8~10枚，大多数9枚，前4枚切前颏片，每对颏片彼此相接；颊鳞1枚，眶前鳞1枚，眶后鳞2枚；前颞鳞2枚，其腹片较大；后颞鳞2枚；背鳞平滑，通身17行；腹鳞雄性187~104对，雌性97~110对。

【生态习性】常栖于道路边小灌木林上。

两头蛇科
Calamariidae

两头蛇属
Calamaria Boie, 1827

51

尖尾两头蛇

Calamaria pavimentata Duméril, Bibron et Duméril, 1854

【保护级别】《中国生物多样性红色名录》无危（LC）物种，"三有"保护动物，IUCN红色名录无危（LC）物种。

【鉴别特征】额鳞长大于宽，有眶前鳞，尾端较尖。

【形态描述】头、颈区分不明显；背面红棕色，具有暗色纵行线纹；颈部有黄色弧形斑；尾基背部有1对小黄斑，尾腹面中央有1条黑线纹。额鳞长大于宽，无鼻间鳞、颊鳞及颞鳞；上唇鳞4（1-2-1）枚，下唇鳞5枚；眶前鳞1枚，眶后鳞1枚；背鳞平滑，通

尖尾两头蛇

身13行；腹鳞雄性177～188枚；肛鳞1枚；尾下鳞雄性14～23对。

【生态习性】生活于丘陵山地，隐居于泥土中。无毒。

【地理分布】雷公山见于方祥。贵州省内见于雷山、望谟。国内见于四川、云南、福建、台湾、海南、广西、广东、贵州。

两头蛇科
Calamariidae

两头蛇属
Calamaria Boie, 1827

52

钝尾两头蛇

Calamaria septentrionalis Boulenger, 1890

【保护级别】《中国生物多样性红色名录》无危（LC）物种，"三有"保护动物，IUCN红色名录无危（LC）物种。

【鉴别特征】额鳞长宽相等；有眶前鳞；尾端钝圆，与头相似。

【形态描述】体形较小；头、颈区分不明显；背面灰黑色或灰褐色，背鳞最外两行除鳞缘黑色外，均为白色；颈部黄斑1对或没有，尾部黄斑1对、2对或没有；腹面橘红色；尾部腹面中央有1条黑色条纹或没有。

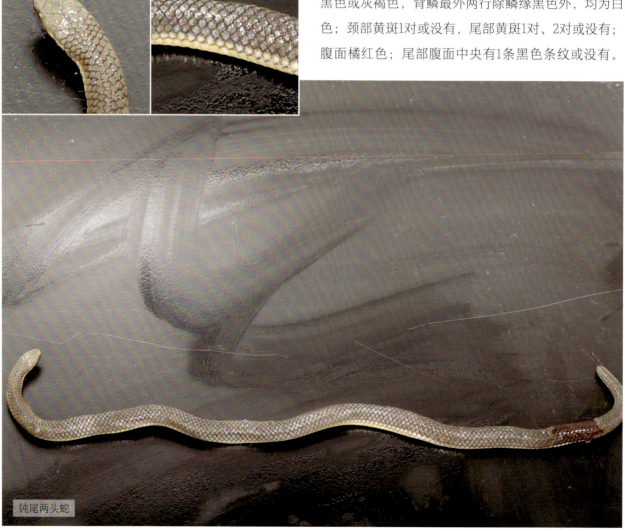

钝尾两头蛇

额鳞长度与宽度相等，较顶鳞短；无鼻间鳞、颊鳞及颞鳞；上唇鳞4（1-2-1）枚；下唇鳞5枚，前3枚切前颏片；眶前鳞1枚；眶后鳞1枚；背鳞平滑，通身13行；腹鳞雄性153～164枚，雌性154～178枚；肛鳞1枚；尾下鳞雄性16～22对，雌性8～13对。

【生态习性】 生活于丘陵山地，隐居于泥土中。无毒。

【地理分布】 雷公山见于永乐、西江。贵州省内见于雷山、榕江、从江、罗甸。国内见于河南、安徽、江苏、浙江、江西、湖南、福建、海南、广西、广东、贵州。

蝰科
Viperidae

白头蝰属
Azemiops Boulenger, 1888

53

白头蝰
Azemiops kharini Orlov, Ryabov et Nguyen, 2013

【保护级别】《中国生物多样性红色名录》易危（VU）物种，"三有"保护动物，IUCN红色名录无危（LC）物种。

【鉴别特征】头背白色，具有略对称的浅褐色斑纹；体背紫褐色或紫灰色，具有朱红色的横纹10-18+2-5条；头背有大而对称的鳞片，背鳞17-17-15行；管牙较短；无颊窝。

【形态描述】头较大，椭圆形；头、颈明显可分；吻短而宽，头部白色；体背蓝紫色或灰紫色，具有朱红

白头蝰

色镶有黑边的窄横纹；头部腹面灰褐色，杂有黄白色条纹；体腹面浅黄色或浅灰色。吻鳞宽超过长；鼻间鳞宽大于长，额鳞近似盾形；上唇鳞6（2-1-3）枚，第1枚最小，第5枚最大；下唇鳞8枚；颊鳞1枚；眶前鳞2枚；眶后鳞2枚；前颞鳞2枚，后颞鳞3枚；背鳞光滑，17-17-15行；腹鳞雄性176～196枚，雌性179～184枚；肛鳞1枚；雄性尾下鳞39～49对，雌性尾下鳞38～52对。

【生态习性】常栖息于山区草地、地边、碎石堆、草堆中。

【地理分布】雷公山见于方祥、小丹江。贵州省内见于雷山、绥阳、务川、德江、余庆、兴义、毕节、威宁、贵定、镇远。国内见于四川、云南、浙江、广西、贵州、江西、福建、陕西。

蝰科
Viperidae

原矛头蝮属
Protobothrops Hoge et Romano-Hoge, 1983

54

原矛头蝮
Protobothrops mucrosquamatus
(Cantor, 1839)

【保护级别】《中国生物多样性红色名录》无危（LC）物种，"三有"保护动物，IUCN红色名录无危（LC）物种。

【鉴别特征】有颊窝，头背都是小鳞片；体棕褐色或红褐色；背脊有1行暗紫色波状纹。

【形态描述】头较窄长，三角形；吻棱明显；蛇体较长；尾较长而末端较细，有缠绕性；背面棕褐色或红褐色，正背有1行镶淡黄色边的粗大逗点状暗紫色斑，斑周颜色较深，中心色略浅，这些斑点在有的地

原矛头蝮

方前后连续，形成波状脊纹；体侧尚各有1行暗紫色斑块；腹面浅褐色，每1腹鳞有由深棕色细点组成的斑块若干，整体上交织成深浅错综的网纹；头背棕褐色，有一略呈"Λ"形的暗褐色斑；眼后到颈侧有一暗褐色纵线纹；唇绿色稍浅；头腹浅褐色，有的散以深棕色细点。鼻间鳞较头背其他鳞片略大，彼此相隔2～5枚小鳞；眶上鳞为头背最大鳞片；头背其余鳞片粒状；鼻鳞较大，一般不分为前后两半，或仅有局部鳞沟；鼻孔直立椭圆形，位于中央略偏后，开口朝向后外方；鼻鳞与窝前鳞间常隔1～5枚小鳞；眼较小，瞳孔直立椭圆形；眶前鳞2枚，上枚与鼻间鳞相隔2枚小鳞；眶下鳞往往为若干枚小鳞；上唇鳞9或10，第1枚较小，与鼻鳞以完整鳞沟分开；第2枚高，构成颊窝前鳞；第3枚最大，第4枚位于眼正下方，与眼间相隔3～4排小鳞。下唇鳞以14枚或15枚为多，第1对在颏鳞之后相切，前2～3对切颔片。背鳞颈部25～29行，中段一般为25（21）行，肛前19～21行，少数为17行；中段除最外行平滑外，其余均起强棱。腹鳞雄性194～222枚，雌性199～233枚；肛鳞完整；尾下鳞雄性80～100对，雌性70～88对。

【生态习性】生活于丘陵及山区，栖息于竹林、灌丛、溪边、茶山、耕地。常到住宅周围如草丛、垃圾堆、柴草、石缝间活动，有时进入室内。白天虽可见到，但主要于晚上外出活动觅食。以鸟类及鼠类为食，亦吃蛙、蛇。

【地理分布】雷公山见于永乐、西江、桃江、小丹江、乌东、格头。贵州省内见于江口、松桃、桐梓、绥阳、务川、湄潭、仁怀、赤水、兴义、册亨、榕江、从江、雷山、荔波、金沙。国内见于浙江、安徽、福建、台湾、江西、湖南、广东、海南、广西、贵州、四川、重庆、云南、陕西、甘肃。

蝰科
Viperidae

尖吻蝮属
Deinagkistrodon Gloyd, 1979

55

尖吻蝮
Deinagkistrodon acutus (Günther, 1888)

【保护级别】《中国生物多样性红色名录》易危（VU）物种，"三有"保护动物，IUCN红色名录易危（VU）物种。

【鉴别特征】头大，呈三角形；头背具对称大鳞片；吻端尖而略翘向前上方；背面正中有1行20多个方形大块斑；有颊窝。

【形态描述】背面深棕色或棕褐色，正背有16-21+2-6个方形大斑块；每前后2个方斑以尖角彼此相接，有的方斑不完整，形成"乙"字形纹，方斑边缘浅褐

尖吻蝮

色，中央略深；腹面白色，有交错排列的黑褐色斑块，略呈纵行；头背黑褐色；头腹及喉部为白色，散有稀疏黑褐色点斑；尾背后段纯黑褐色，看不出方形斑；尾腹面白色散有疏密不等的黑褐色。吻鳞甚高，上部窄长，构成尖吻的腹面；鼻间鳞1对，窄长，构成尖吻的背面；鼻孔直立椭圆形，位于前后二半鼻鳞之间，开口朝后略偏外；颊鳞3～6枚，上枚最大，介于鼻鳞与上枚眶前鳞之间；眼较小，瞳孔直立纺锤形；眶前鳞2，上枚较大；眶下鳞1枚，较大；眶后鳞1枚；颊窝下鳞2枚，前枚较大，后枚较小；上唇鳞7枚，第2枚高大于长，构成颊窝前鳞，第3、第4枚最大，位于眼正下方；颞鳞数目变化较大；下唇鳞10～11枚，第1对在颏鳞之后相切，前2～3对切颏片；颏片1对；背鳞21-21-17行，最外1～3行仅有纤细的弱棱，其余均具结节的强棱；腹鳞雄性158～168枚，雌性163～172枚；肛鳞完整；尾下鳞雄性50～61枚，雌性43～63枚，大部为双行，少数成单行。

【生态习性】生活于山区或丘陵林木茂盛的阴湿地方，曾发现于阴湿岩石上或落叶间、山溪岸边的岩石上、瀑布下的大岩缝中、路边岩下、路边草丛中、茶山草丛中、玉米地内、草棚内堆粪上、住宅附近或进入室内等。以蟾蜍、蜥蜴、鸟类及鼠类为食。卵生。

【地理分布】雷公山见于格头、毛坪、小丹江、昂英。贵州省内见于遵义、绥阳、江口、德江、松桃、兴义、金沙、雷山、贵定。国内大致分布在长江中下游地区以及台湾。

蝰科
Viperidae

烙铁头属
Ovophis Burger, 1981

56

台湾烙铁头蛇
Ovophis makazayazaya (Takahashi, 1922)

【保护级别】《中国生物多样性红色名录》无危（LC）物种，"三有"保护动物，IUCN红色名录无危（LC）物种。

【鉴别特征】头较大，三角形；头背黑褐色或灰白色；体背棕褐色或棕红色，背中央有1列不规则的大块黑斑；有颊窝；头部全为小鳞片；体形粗短，左右鼻鳞较大。

【形态描述】体形粗短；头宽大，呈三角形；吻端钝圆，有管牙；体背棕褐色或棕红色，背中央有1列不

台湾烙铁头蛇

规则的大块黑斑；头背黑褐色，头腹浅褐色，有棕色细点；体腹面浅黄色，尾部腹面色斑色较深。头背细鳞片；鼻间鳞大，左右相接或彼此间隔1～3枚小鳞片；有颊窝；上唇鳞8～11枚，下唇鳞9～12枚，眶前鳞2枚；背鳞22～30行；腹鳞雄性132～152枚，雌性132～154枚；肛鳞1枚；尾下鳞雄性30～46对，雌性34～47对。

【**生态习性**】常栖息于灌木及杂草中，常在夜间活动。主要捕食鼠类为主。卵生。

【**地理分布**】雷公山见于永乐、方祥、乌东。贵州省内见于雷山、威宁、兴义、绥阳、赤水。国内见于四川、云南、浙江、湖南、福建、台湾、广东、广西、贵州。

蝰科
Viperidae

绿蝮属
Viridovipera Malhotra et Thorp,
2004

57

福建竹叶青蛇
Viridovipera stejnegeri Schmidt, 1925

【保护级别】《中国生物多样性红色名录》无危（LC）
物种，"三有"保护动物，IUCN红色名录无危（LC）
物种。

【鉴别特征】有颊窝；头背部全为小鳞片；通身绿
色，体侧有白色或红白各半的纵线纹；眼红色，尾背
及尾端焦红色；鼻鳞与第1枚上唇鳞之间有完整的鳞
沟；鼻间鳞较小，与头背其他鳞片差别不大，其间相
隔1枚或数枚小鳞。

【形态描述】头大，三角形；颈细；尾具缠绕性；生
活时，背面通身绿色，上唇色稍浅，尾后1/4～1/3焦

福建竹叶青蛇

红色；头、躯、尾腹面黄白色；眼橘红色；体侧有1条白色、淡黄色或红白各半的纵线纹。头背部是小鳞片；仅眶上鳞较大，左右眶上鳞之间一横排有小鳞9～15（平均11.8）枚；鼻间鳞仅略大于其相邻的小鳞，左右鼻间鳞之间相隔1～4枚小鳞；鼻鳞与第1枚上唇鳞之间以鳞沟完全分开，鼻鳞与颊窝前鳞之间相隔1～3枚小鳞，个别相切；上唇鳞8～12枚；下唇鳞10～14枚；背鳞21-21-15行；腹鳞雄性154～170枚，雌性154～172枚；尾下鳞雄性60～75对，雌性43～73对；肛鳞完整。

【生态习性】发现于山区溪边草丛中、灌木上、岩壁上或石上、竹林中、路边枯枝上或田埂草丛中。多于阴雨天活动，晴天傍晚也可见到，以傍晚及夜间最为活跃。以蛙、鸟类及小型兽类为食。卵胎生。

【地理分布】雷公山见于乌东、小丹江、格头、方祥、永乐、桃江等地。贵州省内见于江口、印江、贵阳、遵义、绥阳、赤水、兴义、安龙、从江、雷山、贵定、龙里。国内见于长江以南大部分省份。

蝰科
Viperidae

华蝮属
Sinovipera Guo et Wang, 2011

58

四川华蝮
Sinovipera sichuanensis Guo et Wang, 2011

【保护级别】《中国生物多样性红色名录》近危（NT）物种，"三有"保护动物，IUCN红色名录数据缺乏（DD）物种。

【鉴别特征】全身绿色；头背全被小鳞；第1枚上唇鳞与鼻鳞完全分开；眼睛深红；体侧无红、白侧线纹；尾具有缠绕性，末端焦红色；半阴茎分叉深，远端被萼，近端被刺。

【形态描述】体全长865～920mm，其中头体长690～740mm，尾长165～180mm。头大，明显呈三角形；

四川华蝮

颈细，与颈分区明显；生活时，背面通身绿色，上唇色稍浅，尾后1/4～1/3焦红色；头、躯、尾腹面黄白色；眼深红色，瞳孔直立；体侧及眼后无红、黄或者白色的纵线纹；尾具缠绕性。头背全为小鳞，眶上鳞为头背最大的1对鳞片；左右眶上鳞之间有小鳞11～12枚；鼻间鳞被1枚小鳞分隔，亦不与吻鳞接触；吻鳞梯形，背部不可见；眶上鳞周围有小鳞7～10枚（不含眶前和眶后鳞）；眶前鳞3枚，长条形，中间和下面第1枚与第3枚上唇鳞共同构成颊窝的边缘；眶后鳞2或者3枚，最下1枚向下延长构成眼眶的下缘；眶下鳞1枚，较长，构成整个眼眶下缘。上唇鳞9～10枚，第1枚上唇鳞与鼻鳞明显分隔，第2枚上唇鳞最高，形成颊窝前缘，且由2枚垂直排列的小鳞将其与鼻鳞分开；第3枚上唇鳞最大，由1枚延长的眶后鳞将其与眼眶分开；第4枚上唇鳞与眼眶之间间隔3枚鳞片，其中上面2枚在一条直线上。下唇鳞11～14枚，第1对长，在颏鳞后相切。颏鳞1对，与第1至第3对下唇鳞相切。腹前鳞与后枚颔片间具5～7枚小鳞。体背鳞片除最外侧的4～5列光滑外，其余微弱起棱。

【**生态习性**】生活于山区小溪或河流边。

> 【**地理分布**】雷公山见于乌东、小丹江、格头。贵州省内见于江口、雷山。国内见于四川、贵州。

眼镜蛇科
Elapidae

环蛇属
Bungarus Daudin, 1803

59

银环蛇
Bungarus multicinctus Blyth, 1861

【保护级别】《中国生物多样性红色名录》易危（VU）物种，"三有"保护动物，IUCN红色名录易危（VU）物种。

【鉴别特征】体背黑白相间，白色横纹较窄；腹面灰白色或黄白色；背鳞15行，脊鳞扩大；尾下鳞单行。

【形态描述】头部椭圆形，稍大于颈；体背黑白横纹相间，白色横纹较窄，在体背仅占1～1.5个背鳞宽，至体侧则不同程度加宽到2～3个背鳞；通身白色横纹数22-50+7-15个；腹面灰白色或黄白色，具有散在的黑褐色细点。颊鳞缺；眶前鳞1枚，眶后鳞2枚；颞鳞

银环蛇

1（2）+2（3）枚；上唇鳞7（2-2-3）枚；下唇鳞7枚，个别6或8枚，前3（4）枚切前额片；背鳞平滑，通身15行，少数颈部16或17行，脊鳞扩大，呈六角形；腹鳞雄性200～231枚，雌性198～227枚；肛鳞完整；尾下鳞单行雄性43～54枚，雌性37～55枚。

【生态习性】栖息于平原及丘陵地带多水之处。在稀疏树木或小草丛的低矮山坡、坟堆附近、山脚、路旁、田埂、河滨鱼塘旁、倒塌较久的房子下、石头堆下活动。山区住宅附近或田园以及石砾墙脚都曾发现。夏季，白天隐伏于乱石堆、田埂或墙脚洞穴内，夜间外出活动觅食，尤其是闷热天的夜晚，活动更频繁，常在公路上出现，后半夜至天亮又回洞穴。以鱼类、蛙类、蜥蜴、蛇类、蛇卵及鼠类为食，以食鳝鱼和泥鳅为多。卵生。

【地理分布】雷公山见于永乐、小丹江、昂英。贵州省内见于德江、沿河、松桃、兴义、榕江、从江、雷山、荔波、独山、罗甸。国内见于浙江、安徽、福建、台湾、江西、湖北、湖南、广东、海南、广西、四川、贵州、云南。

眼镜蛇科
Elapidae

中华珊瑚蛇属
Sinomicrurus Slowinski, Boundy et Lawsonm, 2001

60
中华珊瑚蛇

Sinomicrurus macclellandi (Reinhardt, 1844)

【保护级别】《中国生物多样性红色名录》近危（NT）物种，"三有"保护动物，IUCN红色名录无危（LC）物种。

【鉴别特征】头背黑色；吻部有一细窄黄白色横斑；头背两眼后方有一条粗大黄白色横斑；体背赤红色，间有等距离的黑色横斑；背鳞光滑，通身15行。

【形态描述】吻端钝圆，头、颈区分不明显；眼较小，鼻孔大；头背黑色，吻端有细窄的黄白色横斑，此横斑在有的标本中位于吻鳞、鼻鳞及第1、第2枚上

中华珊瑚蛇

唇鳞处；在头背中间，两眼后方到顶鳞后缘有一宽阔的黄白色横斑；体背赤红色，有完整黑色横斑24-35+3-6个；每个横斑1～1.5枚鳞片宽；腹面浅黄色，有不规则黑斑；尾尖角质锥状。上唇鳞7（2-2-3）枚；下唇鳞6枚，前3枚切前颏片；眶前鳞1枚；眶后鳞2枚；颊鳞无；颞鳞1+1枚；背鳞光滑，通身13行；肛鳞2枚；尾下鳞雄性31～36对，雌性26～29对。

【**生态习性**】生活于山区森林中，经常隐伏在石块及枯叶下。常夜间活动，甚至进入住宅内，活动性较差。主要吃蛇、蜥蜴幼体及其他小型蛇类。卵生。

【**地理分布**】雷公山见于方祥、格头。贵州省内见于雷山、绥阳、务川、江口、册亨、从江、荔波。国内见于四川、云南、湖北、江苏、安徽、浙江、江西、湖南、福建、台湾、广东、海南、广西、贵州。

眼镜蛇科
Elapidae

中华珊瑚蛇属
Sinomicrurus Slowinski, Boundy et Lawsonm, 2001

61

福建珊瑚蛇
Sinomicrurus kelloggi (Pope, 1928)

【保护级别】《中国生物多样性红色名录》近危（NT）物种，"三有"保护动物，IUCN红色名录无危（LC）物种。

【鉴别特征】头背有2条黄白色横斑，前条细窄；体背红褐色，有黑色横斑；背鳞光滑，通身15行。

【形态描述】头端钝圆；头、颈区分不明显；鼻孔大，呈椭圆形；无颊鳞；有前沟牙；头背黑色，有2条黄白色横斑，前条在眶前，较窄，起于两鼻间鳞后缘及前额鳞前半部，至于两侧第2、第3枚上唇鳞；体背红褐色，有黑色横斑；头腹面黄白色，无斑；体

福建珊瑚蛇

腹面浅黄色，具有许多不规则黑斑。上唇鳞7（2-2-3）枚；下唇鳞7或6枚；眶前鳞1枚，眶后鳞2枚；前颞鳞1枚，后颞鳞2枚；背鳞光滑，通身15行；腹鳞雄性189～194枚，雌性190～195枚；肛鳞2枚；尾下鳞成对，雄性32～36对，雌性27～33对。

【**生态习性**】生活于山区森林中，栖息于腐殖质较多的林地。常夜间活动，主要捕食小型蛇类和蜥蜴等。

【**地理分布**】雷公山见于方祥、永乐。贵州省内见于雷山、长顺、独山。国内见于浙江、福建、江西、湖南、广东、海南、云南、安徽、广西、贵州。

眼镜蛇科
Elapidae

眼镜蛇属
Naja Laurenti, 1769

62

舟山眼镜蛇
Naja atra Cantor, 1842

【保护级别】《中国生物多样性红色名录》易危（VU）物种，"三有"保护动物，IUCN红色名录易危（VU）物种。

【鉴别特征】背部黑色或褐色，颈背面有眼镜状斑纹。

【形态描述】体形中等偏大，成体全长1.5～2m；背面黑色或黑褐色，颈背有眼镜状斑纹，年幼个体尤为明显。无颊鳞；眶前鳞1枚，眶后鳞2枚；颞鳞2+2枚；上唇鳞7（2-2-3）枚，前接鼻鳞，后入眶；下唇鳞8枚；背鳞21行，平滑无棱；腹鳞雄性158～193枚，雌性160～190枚；肛鳞完整或二分；尾下鳞雄性39～54对，

舟山眼镜蛇

雌性38～53对。

【生态习性】生活于丘陵、山区。经常活动于田野、杂草灌丛、溪沟边、菜园等地。食性广泛。

【地理分布】雷公山见于方祥、南老、毛坪。贵州省内见于雷山、望谟、江口。国内广泛分布于南方地区。

眼镜蛇科
Elapidae

眼镜王蛇属
Ophiophagus Günther, 1864

63

眼镜王蛇
Ophiophagus Hannah (Cantor, 1836)

【保护级别】《中国生物多样性红色名录》易危（VU）物种，国家二级保护野生动物，IUCN红色名录易危（VU）物种。

【鉴别特征】体形大；受惊扰时，身体前部可竖立；颈部扁平而不扩大，颈背无眼镜状斑纹；无颊鳞；头背正常9枚大鳞片；顶鳞之后另有1对大型的枕鳞。

【形态描述】体形大；头部椭圆形，与颈不易区分；成体通身黑褐色，可见若干白色窄横纹；腹面色稍浅淡；受惊扰时，身体前部可竖立；颈部扁平而不扩大，颈背无眼镜状斑纹，颈腹面无深色斑和宽横带。

眼镜王蛇

无颊鳞；眶前鳞1枚，眶后鳞3枚；颞鳞2+2枚；上唇鳞7（2-2-3）枚，下唇鳞8枚；背鳞颈部19行，中段及后部15行，平滑无棱；腹鳞雄性235～250枚，雌性239～265枚；肛鳞完整；尾下鳞部门单行，部分成对，雄性83～96，雌性77～98。

【生态习性】生活于森林边缘地带。常出没于水域附近，也可以尾缠绕在树木上。主要吃其他蛇类，也吃蜥蜴或鸟、鼠等。

【地理分布】雷公山见于毛坪。贵州省内见于雷山、兴义、晴隆、望谟、安顺、剑河、榕江、罗甸、惠水。国内见于云南、浙江、福建、广东、广西、贵州。

参考文献

蔡波, 李家堂, 陈跃英, 等, 2016. 通过红色名录评估探讨中国爬行动物受威胁现状及原因[J]. 生物多样性, 24: 578-587.

蔡波, 王跃招, 陈跃英, 等, 2015. 中国爬行动物分类厘定[J]. 生物多样性, 23: 365-382.

陈继军, 张旋, 陈继红, 等, 2008. 雷公山自然保护区爬行动物调查报告[J]. 贵州林业科技, 36(2): 25-30.

陈继军, 张旋, 杨绍军, 等, 2007. 贵州雷公山自然保护区两栖动物调查报告[J]. 四川动物(4): 826-830.

费梁, 胡淑琴, 叶昌媛, 等, 2006. 中国动物志·两栖纲, 上卷: 总论, 蚓螈目, 有尾目[M]. 北京: 科学出版社.

费梁, 胡淑琴, 叶昌媛, 等, 2009a. 中国动物志·两栖纲, 中卷: 无尾目[M]. 北京: 科学出版社.

费梁, 胡淑琴, 叶昌媛, 等, 2009b. 中国动物志·两栖纲, 下卷: 无尾目, 蛙科[M]. 北京: 科学出版社.

费梁, 叶昌媛, 黄永昭, 1990. 中国两栖动物检索[M]. 北京: 科学技术文献出版社.

费梁, 叶昌媛, 江建平, 2012. 中国两栖动物及其分布彩色图鉴[M]. 成都: 四川科学技术出版社.

韩玲, 肖宁, 罗涛, 等, 2019. 贵州省蛇类新记录: 赵氏后棱蛇[J]. 四川动物, 38: 368-378.

胡淑琴, 赵尔宓, 刘承钊, 1973. 贵州省两栖爬行动物调查及区系分析[J]. 动物学报, 19: 149-181.

黄松, 彭丽芳, 饶定齐, 等, 2021. 中国蛇类图鉴[M]. 福州: 海峡书局.

季达明, 温世生, 刘月珍, 等, 2002. 中国爬行动物图鉴[M]. 郑州: 河南科技出版社.

江建平, 谢锋, 臧春鑫, 等, 2016. 中国两栖动物受威胁现状评估[J]. 生物多样性, 24: 588-597.

蒋志刚, 江建平, 王跃招, 等, 2016. 中国脊椎动物红色名录[J]. 生物多样性, 24(5): 500-551.

李德俊, 李东平, 王大忠, 1989. 贵州雷公山地区爬行动物调查研究[J]. 遵义医学院学报, 12(S1): 1-10.

李仕泽, 刘京, 徐宁, 等, 2020. 贵州省两栖动物新记录种: 中华湍蛙及其蝌蚪描述[J]. 四川动物, 39(1): 75-80.

李仕泽, 徐宁, 刘京, 等, 2020. 贵州省两栖动物名录修订[J]. 四川动物, 39(6): 694-710.

刘京, 李仕泽, 程彦林, 等, 2021. 贵州省两栖动物新记录种: 武陵掌突蟾[J]. 四川动物, 40(2): 189-195.

刘京, 魏刚, 何玉晓, 等, 2022. 贵州雷公山两栖动物物种组成与种群动态变化[J]. 生态与农村环境学报, 38(2): 201-208.

刘芹, 钟光辉, 胡健, 等, 2012. 黑带腹链蛇: 贵州省蛇类新记录[J]. 动物学杂志, 47(1): 112-115.

马克平, 2015. 中国生物多样性编目取得重要进展[J]. 生物多样性, 23: 137-138.

冉辉, 杨天友, 米小其, 等, 2023. 贵州三个国家级自然保护区爬行动物分类修订及群落相似性[J]. 野生动物学报, 44: 623-630.

冉辉, 杨天友, 米小其, 2024. 贵州省爬行动物更新名录[J]. 生物多样性, 32: 1-20.

史静耸, 杨登为, 张武元, 等, 2016. 西伯利亚蝮: 中介蝮复合种在中国的分布及种下分类 (蛇亚目: 蝮亚科)[J]. 中国动物学杂志, 51: 777-798.

王剀, 任金龙, 陈宏满, 等, 2020. 中国两栖、爬行动物更新名录[J]. 生物多样性, 28: 189-218.

王跃招, 蔡波, 李家堂, 2021. 中国生物多样性红色名录·脊椎动物: 第三卷[M]. 北京: 科学出版社.

魏刚, 郭鹏, 徐宁, 等, 2011. 贵州省蛇类新记录: 孟加拉眼镜蛇[J]. 贵州农业科学, 39(1): 173-176.

魏刚, 徐宁, 1989. 贵州两栖动物区系及地理区划研究[J]. 动物学研究, 10(3): 241-249.

魏刚, 张维勇, 郭鹏, 等, 2017. 梵净山两栖爬行动物[M]. 贵阳: 贵州科技出版社.

伍律, 董谦, 须润华, 1986. 贵州两栖类志[M]. 贵阳: 贵州科技出版社.

伍律, 李德俊, 刘积琛, 1985. 贵州爬行类志[M]. 贵阳: 贵州科技出版社.

徐宁, 高喜明, 武孔云, 等, 2007. 贵州省8个自然保护区爬行动物分布[J]. 动物学杂志, 42(3): 106-113.

张华海, 张璇, 2007. 雷公山国家级自然保护区生物多样性研究[M]. 贵阳: 贵州科技出版社.

张荣祖, 2011. 动物地理区划: 中国动物地理[M]. 北京: 科学出版社.

张勇, 彭丽芳, 朱毅武, 等, 2020. 贵州省发现福建颈斑蛇[J]. 动物学杂志, 55: 412.

赵尔宓, 黄美华, 宗愉, 等, 1998. 中国动物志·爬行纲, 第三卷: 有鳞目, 蛇亚目[M]. 北京: 科学出版社.

赵尔宓, 江耀明, 黄庆云, 等, 1998. 中国动物志·爬行纲, 第三卷: 有鳞目, 蛇亚目[M]. 北京: 科学出版社.

赵尔宓, 江跃明, 黄庆云, 等, 1993. 拉英汉两栖爬行动物名称[M]. 北京: 科学出版社.

赵尔宓, 赵肯堂, 周开亚, 等, 1999. 中国动物志·爬行纲, 第二卷: 有鳞目, 蜥蜴亚目[M]. 北京: 科学出版社.

周婷, 李丕鹏, 2013. 中国龟鳖分类原色图鉴[M]. 北京: 中国农业出版社.

周政贤, 姚茂森, 1989. 雷公山自然保护区科学考察集[M]. 贵阳: 贵州人民出版社.

BOULENGER G A, 1893. Catalogue of the snakes in the British Museum (Natural History)[M]. London: Order of the Trustees.

CHEN Z N, ZHANG L, SHI J S, et al., 2019. A new species of the genus *Trimeresurus* from Southwest China (Squamata: Viperidae)[J]. Asian HerpetologicalResearch, 10: 13-23.

FROST D R, 2024. Amphibian species of the world. Version 6.0. Eletronic database. American Museum of Natural History, New York [EB/OL]. [2024-09-10]. http://research.amnh.org/vz/herpetology/amphibia/index.html.

GUO P, WANG P, LYU B, 2023. Molecular phylogeny reveals cryptic diversity in *Sibynophis* from China (Serpentes: Sibynophiidae) [J]. Ecology and Evolution, 13: e10367.

GUO P, ZHU F, LIU Q, 2019. A new species of the genus *Sinonatrix* (Serpentes: Colubridae) from western China[J]. Zootaxa, 4623: 535-544.

LI S Z, XU N, LIU J, et al., 2018. A New Species of the Asian Toad Genus *Megophrys sensu lato* (Amphibia: Anura: Megophryidae) from Guizhou Province, China[J]. Asian Herpetological Research 2018, 9(4): 224-239.

LI S Z, CHEN J J, SU H J, et al., 2024. A new odorous frog species of *Odorrana* (Amphibia, Anura, Ranidae) from Guizhou Province, China [J]. ZooKeys, 1192: 57-82.

LI S Z, WEI G, CHENG Y L, et al., 2020. Description of a New Species of the Asian Newt Genus *Tylototriton sensu lato* (Amphibia: Urodela: Salamandridae) from Southwest China[J]. Asian Herpetological Research, 11(4): 282-296.

LI S Z, WEI G, XU N, et al., 2019. A new species of the Asian music frog genus *Nidirana* (Amphibia, Anura, Ranidae) from southwestern China[J]. PeerJ, 7(e7157): 1-27.

LIU Q, ZHONG G H, LI S Z, et al., 2014. New occurrence of *Sinovipera sichuanensis* in Guizhou[J]. Zoological Research, 35: 350-352.

PENG L F, WANG L J, DING L, et al., 2018. A new species of the genus *Sinomicrurus* Slowinski, Boundy and Lawson, 2001 (Squamata: Elapidae) from Hainan Province, China[J]. Asian Herpetological Research, 9: 65-73.

中文名索引

学名索引

A

Achalinus ater (Bourret, 1937)　146

Achalinus spinalis (Peters, 1869)　144

Amolops chunganensis (Pope, 1929)　64

Amolops sinensis (Lyu, Wang et Wang, 2019)　66

Amphiesma stolatum (Linnaeus, 1758)　190

Andrias davidianus (Blanchard, 1871)　30

Archelaphe bella (Stanley, 1917)　188

Azemiops kharini Orlov, Ryabov et Nguyen, 2013　228

B

Boiga kraepelini (Stejneger, 1902)　154

Boulenophrys leishanensis (Li, Xu, Liu, Jiang, Wei et
　Wang, 2018)　54

Boulenophrys spinata (Liu et Hu, 1973)　56

Brachytarsophrys popei (Zhao, Yang, Chen, Chen et
　Wang, 2014)　52

Bufo andrewsi (Schmidt, 1925)　40

Bufo gargarizans (Cantor, 1842)　42

Bungarus multicinctus Blyth, 1861　240

C

Calamaria pavimentata Duméril, Bibron et Duméril,
　1854　224

Calamaria septentrionalis Boulenger, 1890　226

Cyclophiops doriae (Boulenger, 1888)　162

D

Deinagkistrodon acutus (Günther, 1888)　232

Diploderma splendidum (Barbour et Dunn, 1919)　140

Dopasia harti (Boulenger, 1899)　142

Duttaphrynus melanostictus (Schneider, 1799)　38

E

Elaphe carinata (Günther, 1864)　176

Elaphe taeniura (Cope, 1861)　178

Euprepiophis mandarinus (Cantor, 1842)　172

F

Fejervarya multistriata (Hallowell, 1860)　92

G

Gekko japonicus (Schlegel, 1836)　128

Gonyosoma frenatum (Gray, 1853)　180

Gracixalus weii (Liu, Peng, Wang, Feng, Shen, Li, Chen,
　Su et Tang, 2025)　106

H

Hebius bitaeniatus (Wall, 1925)　196

Hebius boulengeri (Gressitt, 1937)　198

Hebius craspedogaster (Boulenger, 1899)　192

Hebius octolineatus (Boulenger, 1904)　202

Hebius optatus (Hu et Zhao, 1966)　194

Hebius popei (Schmidt, 1925)　199

Hebius sauteri (Boulenger, 1909)　200

Hyla annectan (Jerdon, 1870)　58

Hyla immaculata (Boettger, 1888)　62

Hyla sanchiangensis (Pope, 1929)　60

Hylarana guentheri (Boulenger, 1882)　68

Hylarana latouchii (Boulenger, 1899)　70